今日も小原台で叫んでいます

残されたジャングル、
防衛大学校

ぱやぱやくん

KADOKAWA

はじめに

――現代に残されたジャングル、防衛大学校の世界へようこそ

私は高校卒業後に目を輝かせながら「国防を支えるエリートとして頑張るぞ」と防衛大学校（防大）に進学しましたが、**残念ながら着校初日に「家に帰りたい」と本心から思いました。**これが私の防大生活のスタートです。

防大に入校した新入生は、「ハイ or YES」の世界に投げ込まれることになり、数々の試練に直面します。

- **常に集団生活のためプライベート空間は皆無。平日外出やテレビの保有は禁止などの制約が多々あり、「修行僧」のような生活を求められる**
- **「廊下は戦場」「3歩以上は駆け足」「同期と対番学生以外は全て敵」という不穏なパワーワードが合言葉**

・指導が飛び交い、「命の煌めき」を求められる清掃

などなど……私自身、まさか「生き残る」という表現が似合う生活までは想像をしていなかったのです。

防大には数多くのルールがあり、帽子の置き方や服の並べ方まで決まっています。当然ながら新入生はそれらを覚え切ることができず、怒り狂うゴリラのような上級生と対峙することも多々ありました。

「ここはジャングルで、自分は探検隊みたいだな」と私は思っていたので、本書のタイトルに「ジャングル」を選定しました。

防大生活はそのぐらいハードであり、日常生活も一般生活とは異なる点が多いです。**「大学進学」よりも「ジャングルに行く」といった気持ちで進学したほうがギャップは少ないでしょう。**

一方で**防大には独特なユーモアや面白さがあり、**一般社会では味わうことができない経験が私の心に強烈に焼きついています。その雰囲気を本書で少しでも味わっていただければ幸いです。

なお、防大は校風・日常生活・制度などが時代によって変化しており、本書の記述は「すでに過去のもの」となっていることもあります。そのため「現在の防衛大学校の生活」というよりも、**あくまでも著者の過去の経験談**としてご笑覧いただければ幸いです。

ぱやぱやくん

※本書に出てくる人物名は実在の固有名詞を除き、全て仮名です。

※ブログやTwitterで紹介したエピソードについては、書籍化にあたり内容を再構成・編集しています。

※本書で掲載している写真は、「防衛大学校ホームページ」(https://www.mod.go.jp/nda/)が出典です。クレジットは全て巻末に記載しております。

第1章 防大ワールドへようこそ……15

第2章 1学年はつらいよ……51

第3章 限界に挑む訓練と行事……99

第6章 防大の勉学事情 ……195

第8章 楽園の終わり……233

第1章
防大ワールドへようこそ

ようこそ防衛大学校へ、ここが奈落の1丁目

防衛大学校（防大）は、神奈川県横須賀市**小原台**[*1]にあり、学生たちからは**「小原台刑務所」**や**「ニューホテル小原台」**とも呼ばれ親しまれています。防衛省管轄の教育機関であり、陸・海・空、各自衛隊の幹部自衛官となる者を教育訓練している施設です（文部科学省が管轄する機関ではないので、「大学」ではなく「大学校」なのがポイントです）。

防大は、諸外国で言えば士官学校に該当する学校であり、学生の身分としては「特別職の国家公務員」です。そのため、学費・衣食住が無料のうえ、学生手当が支給され、防大を卒業すると「一般幹部候補生（曹長）」として任官します。

防大卒業後に与えられる「曹長」という階級は、一般入隊の隊員の場合だと定年まで勤務して到達する階級です。さらに、現在の制度では防大を卒業すると佐官への昇

任はほぼ確定のため、自衛隊内部では**「防大はエリートコース」**と言われています。

一方で、防大は全寮制で規律は厳しく、ジューシーで甘酸っぱいキャンパスライフを想像すると間違いなく後悔します。どちらかと言うと、田舎のおばあちゃんが作った塩まみれの梅干しを想像したほうがいいでしょう。

そのため、残念ながら防大に進学した新入生は「防大になんて来るんじゃなかった」と少なくとも1日に1回ぐらいは思います。新入生は坊主頭やおかっぱ頭になり、朝から晩までシャウトし、精神と肉体の限界に挑むからです。**進学よりも「出家」に近い学校であり、一般社会を娑婆（しゃば）と感じることさえあります。**

日夜走り、叫び、飛び跳ねる防大生活

防大の基本コマンドは「走る」「叫ぶ」「飛び跳ねる」です。忌野清志郎さんのライブのように躍動感のある生活であり、縦ノリのリズムが求められます。

これは、防大では学力だけではなく、**生命力**をも求められるからです。

生命力とは「限界に立ち向かう力」「不条理に耐える力」「困難を乗り切る力」のことであり、高校時代に全てであった学力偏差値はなんの役にも立ちません。防大ＯＢはよく「防大は学力偏差値では測れない」と語ることが多いですが、これは生き物として強くあらねば防大を卒業できないからです。ボルネオのジャングルにおいて、フーリエ変換と英作文が得意でも、あまり役に立たない感じに似ています。

こうした過酷な環境で生き残っている防大生は非常に個性的な人が多く、**「筋肉はパワーであり、パワーは生きる力」**と言う筋肉至上主義者も一定数生息しています。薩摩藩士は困ったときに「チェスト！」と叫んで気合を入れると聞きましたが、かつての防大はそれに近い文化でした。

摩訶不思議な防大ワールド

防大では、連帯責任の大反省会、整理整頓不良で空飛ぶ魔法のマットレス、作業服がボロボロになるまでの全力の雑巾がけ、制服にシワを一つも残さないエクストリーム・アイロンなどを行うことになります。**防大生活では「団結力」「挫けない心」「手**

先の器用さ」「ユーモアのセンス」などの全ての要素が必要です。

新入生は押し寄せる不条理に立ち向かいながら強くなり、国家の一大事を救うヒーローに成長していきます。ただ、試練があまりにも多いので、「まず1年間を生き残れ。話はそれからだ」という世界観なのです。

このように書くと「とんでもない学校だ！」と読者の皆様は思うかもしれませんが、**卒業生である私も「やばい学校だなぁ」と思って4年間を過ごしていました。**

しかし、防大生活には不思議な魔力があり、月に1〜2回ぐらいは「防大に入ってよかったなぁ」と思う瞬間がやってきます。卒業生が集まって飲み会をすると狂ったように防大の思い出を語り、昔を偲びます。

防大は陸海空3軍種の統合教育を行っており、文官の教官も多数在籍しているため、一般の自衛隊の文化と少し異なる**「防大ワールド」**があります。この特徴が、防大の秘境感、そして多様性に溢れたガラパゴスな感じを醸し出しています（自衛隊内部でも防大卒は「やや独特な雰囲気がある」と言われることが多いです）。

防大の生活はホグワーツ魔法学校に近い

防大は全寮制であり、学校の敷地内に居住区、講堂、実験室、グラウンド、食堂、浴場、医務室、売店、射撃場や訓練場もあります。柵と塀が校内に張り巡らされており、一般大学よりも「駐屯地」や「基地」に近い構成になっています。校内には戦車や戦闘機、魚雷なども展示されていて、学生寮には小銃などを保管する武器庫なども存在し、ミリタリー要素で溢れています。

防大の学生は1800名程度であり、1学年は400〜500人ほどです。全学年を1〜4大隊という編成に分けて寮が分類されます。ハリー・ポッターでたとえるなら、ホグワーツ魔法学校の「グリフィンドール」「スリザリン」などの寮に所属している生徒それぞれが、自他の寮に誇りとライバル心を持っているように、**防大も大隊ごとに伝統や文化がやや異なり、他大隊にはライバル心を持っている学生が多いです。**

私が在籍していたときは、ざっとこんな感じの特徴がありました。

- **「お祭り大好き1大隊」（男子学生が多く、ノリのよい荒くれ者が多い）**

- 「お掃除大好き2大隊」（海上自衛隊の文化が強く、清掃や整理整頓に厳しい）
- 「楽勝[*2]3大隊」（全体的に規則がゆるく、生活が厳しくないと言われている）
- 「パレード4大隊」（観閲式パレード[*3]に対する情熱が強い）

ホグワーツ魔法学校では困難に直面すると魔法と友情で乗り越えますが、防大では筋肉と同期の団結で乗り越えます。そのため、**MP（マッスルポイント）が重要になります**（MPがなくなると腕立て伏せができなくなります）。

各大隊には1～4中隊があり、各中隊はフロアごとに分類され、100人規模の学生がいます。これが防大における生活単位であり、全員の顔と名前が一致する最大の単位でもあります。

プライベートも文明もない生活

学生が生活する部屋は8名前後（かつては4名）であり、1～4学年が合同で生活をします。基本的に1学年が丁稚奉公（でっちぼうこう）のように部屋の雑用や清掃を全て行い、部屋にかかってくる内線なども1～2コールで走って対応します。

部屋は常に整理整頓が求められ、本の置き方なども細かく決まっています。机の引き出しの中も勝手に点検されるので、プライベートはほぼ存在せず、1人になれる空間はトイレの個室しかありません。年頃の男子が多いため、深夜になるとトイレの個室は超満員になり、ホットなナイトスポットとして学生たちに人気があります。

さらに平日外出は原則として不可であり、ゲーム機、テレビの保有もNGです。自分の本棚に漫画を並べることもできないため、**学生は文明を一時的にロストします**。現代人に失われた「想像力」を鍛えるにはもってこいの環境と言えるでしょう。

衣食住完備で給与ももらえる

生命力が試される過酷な環境ですが、防大は学費が無料なだけでなく、衣食住も無料なところは魅力の一つです。手当として、毎月12万0,200円が支給され、期末手当（ボーナス）が6月と12月合計で39万6,660円支給されるため、バイトをする必要がありません（令和5年度予定）。

着るものは作業服やジャージ、制服が貸与されますし、食事も必ず3食食べることができます。ベッド・机・ロッカーなども割り当てられるので、生活に困ることがありません。

このような嬉しい待遇により、防大は入校書類と身分証明書があれば、**理論上は無一文の「パンツ1枚・タンクトップ1枚の裸の大将スタイル」でも入校は可能です**。さすがに、裸の大将スタイルだと「今年もすごい奴が来たな」とは思われますが、防大は懐が深いので「よく来たな」と通してくれるのでご安心ください。

防大の学生舎には持ち主不明の靴下や下着が大量にあるので、それを着ておけばなんとかなりますし、卒業生が残した遺物をかき集めれば日常生活で必要なものは揃います（必要なものがなくても上級生がしぶしぶ買ってくれます）。

●「海軍兵学校スタイル」の詰襟が特徴の制服。

スマホゲームなどで1円も課金しない人のことを「無課金プレイヤー」と言いますが、**防大は無課金プレイがある程度可能です**。通常の大学進学には学費で「数百万円＋生活費」のコストがかかることを考えると、防大のお値打ち感は言うまでもありません。節約生活をすれば卒業までに１００万円以上の貯金ができますし、さらに長期休暇にはヨーロッパに旅行することさえ可能なので、防大生は新卒のサラリーマンよりも恵まれている印象です。

実際に、防大には「経済的に大学進学が難しい家庭」の秀才たちも多く在籍しており、彼らは「防大は勉強できるし、小遣いをもらえて最高だね」と防大を褒め称えます。**「お金がなくても勉強ができる」は防大の大きなメリット**と言えるでしょう。

＊1　防大は横須賀市小原台にあるため、関係者は防大のことを「小原台」と呼称することが多い。防大卒に「小原台はどうだった？」と聞くと、間違いなく「関係者か？」と思われる。なお、住所は走水。

＊2　防大生は「楽勝」という言葉をよく使う。楽勝とは「ゆるい、簡単」という意味。

＊3　正装をし、小銃を持って行うパレード訓練。入校式や開校記念祭などで見ることができる。学生からは不人気。詳しくは第3章（１１６ページ）参照。

「防衛大学校へようこそ！」と思ったら、さようなら

4月1日になると、長く苦しい受験勉強を乗り越え「夢と希望で胸いっぱい」の新入生たちが、約束の地である小原台にやってきます。桜の咲き誇る正門をくぐり、「着校おめでとう！」と言われたのも束の間、髪の長い新入生は問答無用で床屋に直行し、男子はカツオくん、女子はちびまる子ちゃんヘアになります。

中には「短髪にするのが嫌だから帰る」という新入生もいますが、「ハイ or ＹＥＳ」の世界に無理して留まることはないので、ある意味賢い選択とも言えるでしょう。

新入生は対番学生[*4]という指南役に生活のルールや裁縫、制服のプレス[*5]（アイロンがけ）、靴磨き、ベッドメイキングなどの基礎技術を学びます。

そして新入生は対番学生より、**「3歩以上は駆け足」「廊下は戦場」「同期以外は全て敵」**という「楽しいキャンパスライフ」というにはあまりにも不穏な言葉を教わり

ます。そうして「ここは奈落の1丁目」であることを実感します。

新入生の身近な先輩である2学年は、常に何かに追われキョロキョロ・ソワソワしているのも印象的です。防大には「時間は自分で作るもの」という金言があり、理論上は達成不可能なタイムスケジュールの中で学生はなんとか時間を捻出します。そうした生活を生き抜いてきた在校生は、新入生から見ればあまりにもスピードが速く、自分とは別の動物であるゴリラやカメレオンのような不気味ささえ感じます。

新入生は、「ジャングルに迷い込んだ探検隊」のように困惑するのが毎年の風物詩です。

「お客様期間」の救済処置

「防大はお小遣いがもらえる」という甘い汁だけを求めて防大をチョイスしたことに、早くも後悔で胸がいっぱいになっている新入生には、「救済処置」があります。それが「お客様期間」です。お客様期間とは、**防大着校日の4月1日から入校式がある4月5日までの体験生活のような期間**を指します。

この5日間は「この生活が無理そうだったら、辞めてもいいからね」というスタンスです。申し出があればすぐに小原台を去ることができます。「私は、防衛大学校学生たる名誉と責任を自覚し～」と書かれた宣誓文に署名提出し入校式を迎えるまでは、教官や上級生は優しく、怒られることはありません。

理由は、入校式を迎えるまでは「防大生」ではなく、あくまでも「防大生候補」という扱いだからです。新入生は、富士サファリパークのバスにいる観光客のように猛獣たちから守られます。

新入生は「防大は厳しい」と聞いていたものの、彼らの貧相な想像力を100倍ほど凌駕する現実がそこにはあるため、**「あ、やっぱムリ」と悟った新入生が1人、また1人と小原台から下界に戻っていき、お客様期間の5日間で100人ほどがいなくなることは珍しくありません**。

お客様期間中は、教官も「防大は茨の道だから怖かったら早く帰ろうネ」や「ついていけなくても大丈夫だよ。不安だったらおうちに帰ろうネ」と新入生に伝えることが多く、いつでも帰ることができる雰囲気を出してきます。

といっても、防大に残る新入生は「国防に燃えている」「熱い心を持っている」というメンバーばかりではありません。「受験勉強がもう面倒くさい」「なんとなく面白そうだから」「ここで辞めたらダサすぎるから残る」という適当な理由で残るユニークな人材も大勢いると思えば、「俺が国防を支える」と言いながら、「理想と違った」とすぐに辞めてしまう新入生さえいます。

いずれにせよ防大に入校することは修行であり、感覚としては出家に近いです。「自分はもう一般人ではないのだな」と実感し、「さよなら」と娑婆の空気に優しいキスができる人だけが宣誓をして防大生になり、4年間を生き抜くことになります。

お客様期間終了、そして「防大生」になる

4月5日の入校式で宣誓文を提出すると、新入生は「防大生」として正式に認められ、教官や上級生から厳しい指導を受けるようになります。

ことあるごとに**「お前らは自分の意思で宣誓文を提出したからな！　ダラダラするな！」**と言われるようになり、まるで紙切れ1枚で悪魔に魂を売ってしまったかのよ

うな感覚に陥ります。「宣誓文なんて出さずに、お客様期間中で帰っておけばよかったな」と学生は4年間で数えきれないほど思うのですが、これが防大生活の全ての始まりと言えるでしょう。

＊4　1学年に生活全般を教えてくれる2学年の指導役。1学年と2学年がそれぞれ1対1のペアになり、悩みなども聞いてくれる。

＊5　自衛隊ではアイロンのことをプレスと呼ぶ。プレスという名称に相応しく、全体重をかけて死ぬ気でシワのばしやズボンの折り目をつける。

防大生が入信する「妥協するな教」

不名誉な「妥協」という称号

現在は分かりませんが、**私が学生のときは「妥協するな！」が防大生の口癖でした。**当時の防大では「妥協」という言葉はネガティブな意味で捉えられており、「全力を出し切ってない」「力を抜いている」というニュアンスで表現されていました。また「チンタラするな」「ダラダラするな」「気合を入れろ」などのニュアンスもあり、汎用性が高いマジックワードとして活用していました。

肉体・精神を追い込むような厳しい訓練も、手を抜こうと思えばある程度は手を抜くことが可能です。たとえば、「わざと駆け足のタイムを落とす」「腕立て伏せのときに腕を曲げずに腰をヘコヘコする」などのセコい技や、厳しい訓練で「お腹が痛いからトイレに行く」と言って離脱するような技まであります。

しかし、**同期の目は厳しく、セコい手抜きはすぐに見抜かれてしまいます**。防大では「倒れるときは前のめり」という精神があり、体力がなくても一生懸命頑張り、前のめりに倒れる勢いの学生は称賛されますが、倒れる前にトイレに行くと**「妥協マスター」**などの不名誉な称号が付与されてしまいます。また、つらいときにつらい顔をすると、「歴史に名を刻む名俳優」や「今年のアカデミー賞最有力候補」などのあだ名を付けられるので要注意です。

当時は、この「妥協するな!」という言葉はもはや日常に浸透しており、生活全般における枕詞のように使用されていました。駆け足をすれば「最後まで妥協するな! 走りきれ!」、ベッドメイキングでは「妥協するな! シーツはピンと張れ!」、訓練では「妥協するな! もっと深く掘れ!」といった感じです。

やや過激になると「妥協するな!」で始まり、「税金泥棒」で終わるのも一つの構文になります。たとえば**「妥協するな! 靴はちゃんと磨いてこい! それでは税金泥棒だぞ!」**といった叱責もありました。

このように書くと「厳しい」と読者の皆様は思われるかもしれませんが、自分の限界を超えた「110％」を目指して頑張っていればいいだけの話なので、そこまで不条理なことではありません。

「妥協するな教」の同期・Fくん

私の同期のFくんは「妥協するな教」の教祖でした。

彼は高校時代から強豪校で柔道をやっていたストイックボーイで、全力を出し切ることに「生きている喜び」を感じる一種のマゾヒストでした。彼は西郷隆盛に身体つきや顔が似ており、いつも汗だくで、**「妥協している、妥協していない」の2進法で生きていました**。彼はよく言えば熱血、悪く言えば「暑苦しい」の一言に尽きました。

彼の生活スタイルは、麦茶を入れるヤカンには氷をギリギリまで詰め込み、サラダにはドレッシングをドボドボとかけ、靴は意味不明なぐらいピカピカでした。いきなり「昨日より28秒早くなった」などとよく分からないことばかりを語るので、西郷さん似のルックスから**「西南戦争の生き残り」「熊本城を陥落させる男」**などと同期から言われていました。

ただ、彼はポカミスが多く、**「間違えて上級生の作業帽を被っている」「財布を机に放置している」**など、他の同期よりも指導されることが多い印象でした。

当時の防大は、同期がミスをするたびに連帯責任で「腕立て伏せ30回」といった指導があり、彼のミスで腕立て伏せが始まることも珍しくありませんでした。

しかし、彼は「妥協するな教」の教祖であるため、自分のミスで腕立て伏せが始まっているのに、へばっている同期に対して「妥協するな！」とうっかり言ってしまい、「お前は少し口を慎め！」と怒られているような学生でもありました。

上級生になると彼は「妥協しない」という信念から、講義でレポートの課題があると恐ろしく文字数が多いレポートを提出するようになりました。しかし、教官からは「文字数は多いけど、何を書いているか分からない」と言われ、**「防大のヘーゲル」**として教官を悩ませることにもなりました。

そんなＦくんを見て、**「妥協しない」と同じぐらい大切なことは「方向性を見極めることだ」と思ったものです**。方向性が間違っていると、動力が伝わっていないミニ四駆のように空回りをしてしまうだけです。

しかし、いろんな面で熱く、面倒見がいいＦくんは陸上自衛隊の組織文化と水が合い、今では充実した毎日を送っているようです。

防大に生息する「主人公タイプ」の学生

優秀な人が多い防大生の中には、恐ろしいぐらいできる学生がいます。スポーツ万能でリーダーシップがあり、勉学優秀。怒らず優しく、人望も厚く、英語も堪能という「一を聞いて十を知る」といったタイプの学生です。訓練を受ければテキパキとこなし、周りが驚いていると「えっ？　また何かやっちゃいましたか？」という仕草をする、「なろう系主人公」という感じです。

学生時代の私は「世の中には主人公がいるんだな」と思い、自分はモブキャラであることを実感しました（私はゴブリンに殴られて即やられる村人Aでした）。

彼らは妥協や手抜きをする学生には容赦ないですが、1学年が困っていると「大丈夫か？」とやってきて助けてくれることが多く、**信者が集まって「〇〇派」という謎のグループができていることがあります**（勝手に周りが称えているだけですが）。

私の校友会（部活動）の先輩のRさんもそんな方でした。

後輩からも人気が厚かったRさん

Rさんは、パッと見た感じは「お金持ちの坊ちゃん」という感じでしたが、本当は苦学生でした。４人兄弟の長男として生まれ、経済的な事情で大学進学が難しく、「高校を卒業したら働くか」と思っていたそうです。そんなとき、高校の先生に「防大に行ってみたらどうか」と勧められ、「衣食住タダで給与ももらえるから最高だな」と思って防大を志望した学生でした。

高校時代からバイトをして家計を助け、お年玉で赤本を買って勉強し防大にやってきたRさんはこだわりがなく、さっぱりした性格の持ち主でした。口癖は「まあ仕方ないよね」でしたが、後輩が困っていると「弟を助けるみたいなもんだから」といつも助けてくれる方でした。

また、**「3食食べられて給与をもらえて勉強できるって最高だよね」**「高校時代はカラオケに行くお金もなかったから嬉しい」と言うことも多く、防大に来たことを心底よかったなぁと思っている様子でした。

後輩から見ると聖人君子のような佇まいすらあり、Rさんの同期の間では「あいつは本当にいい奴だ」と信頼が厚かったのが印象的でした。私は「あぁ、こんな主人公みたいな人はいるんだなぁ」と尊敬をしていました。

完璧な人の欠点こそ魅力的

ただ、Rさんの唯一の欠点は**「箸の持ち方が適当」**ということでした。**爽やかな顔から繰り出される、握り持ちのドラえもんスタイル**で「えっ？　そんな持ち方する？」と周りの学生を驚かせました。さすがに周りの学生から、「直したほうがいい」と忠告を受けても、Rさんは「これが一番食べやすい」「自己流が一番」と言って聞く耳を持ちませんでした。

そんな様子から、「Rさんは箸の話をするといきなりアホになる」と学生の間で話題のタネとなっていました。

しかし、そんなRさんにも転機が訪れます。かわいい彼女ができたのです。

幼稚園の先生をやっているその彼女とデートしたときに、**「箸の持ち方が園児と同じだね」**という苦言を受け、「これではまずい」と箸の練習を始めました。

Ｒさんは、まず正しいフォーム練習から始め、暇さえあれば「あずきを箸で右の皿から左の皿に移す」という訓練を行い、周りの学生からは「妖怪あずき移し」や「チョップスティックマスター」などと囁かれるようになりました。

この話を聞いて、私は「Ｒさんは実はアホなんだな」と思い、より好きになりました。**完璧な人だと思ってもなんらかの欠点があり、それが人間としての魅力になることを若き日の私は学んだのでありました。**

防大の優秀な女子学生たち

防大は設立当初は男子校でしたが、40期生からは女子学生も入校するようになり、**共学**となりました。防大関係者の間では「39期生より前と、40期生より後では学校の雰囲気が違う」と言われるほどの改革であり、多様性が生まれた瞬間でもありました。

女子学生は男子学生よりも採用枠が少なく[*6]**、入試難易度も高いことから優秀な人が多く、「デキる」という表現がぴったりな人が多い印象でした。**学科試験満点、語学堪能な帰国子女、抜群に体力があるアスリート、ホスピタリティに溢れた人など、一芸を持った人が多く、「さすがは防大に来るだけあるなぁ」と私は常々思っていました。

ちなみに、**女子学生と男子学生の訓練内容は同じです。**

海上要員や航空要員は体力を使う訓練は少ないですが、陸上要員になると戦闘訓練、行軍、防御陣地構築など肉体的にハードな訓練が多いため、男子学生が荷物を持つなどのサポートもあります。

しかし、余裕な顔をして訓練をこなす女子学生もいます。**彼女らは空砲を連射して「この反動が肩こりに効く」と呟き、機関銃などの重量のある火器を持ち、平気な顔をして行軍します。**江戸時代は美人よりも働き者の女性がモテたと言いますが、そうしたパワフルな女性を見ると「分かる」と私はしみじみ実感できました。

「風神雷神」に「北条政子」

女子の上級生は、優しい人とオラオラしている人の振れ幅が大きく、特に後者の場合は少しでも気を抜いているところを見ると「お前はふざけているのか？」と女王様のような口調で指導をしてくるので、私は戦々恐々としていました。

防大には、**「女子学生の下級生は女子学生の上級生が指導する」**というルールがあり、男子学生にはブラックボックスに包まれていることが多いです。私が学生の頃は「男子学生の指導よりも厳しい」という噂さえありました。女子学生の下級生が、怖い上級生のことを**「大奥」「風神雷神」「北条政子」**などと陰で呼んでいる姿を見て、

「彼女らも大変なんだろうなぁ」としみじみ思いました。

ちなみに、防大の1学年女子は見た目で分かります。それは髪型です。1学年はちびまる子ちゃんのような髪型をしており、2学年以上になると髪の毛を伸ばせるので、後ろでまとめて束ねています。

現在の防大の制服は女子も学ランのため、1学年女子が制服で外出をしてトイレに行くと「もしもし、僕、ここは女子トイレだよ」とおばあさんに言われ、「私は女性なんです」と返すと、おばあさんが「あらまあ！」とおったまげたというエピソードまであります。

しかし、2学年になると彼女らはバッチリメイクをして、束ねている髪をおろすので、街で出会っても「えっ、誰？」となることもあります。「ギャップ萌え」がたまらない人たちは、彼女らの魅力にイチコロでしょう。

＊6　2023年度より大幅に採用枠が増えたとのこと。

COLUMN 1 防大にやってくる学生たち

防大は「将来の幹部自衛官になる者」を育成する教育機関ですが、学費・衣食住が無料、さらに給与手当がもらえる待遇のため、自衛隊にまったく興味がない人たちも大勢やってきます。そのため、**みんな真面目そうでやや無個性にも見える防大生ですが、実はバラエティに富んでいます。**

では、どんな人が防大に入校するのでしょうか？　パターン別に解説をしていきましょう。

1―英雄タイプ

彼らは意欲が高く、学力優秀・運動神経抜群で、カリスマ性があります。人柄もとてもよく、人生2周目ではないかと疑うほどです。防大にはこのタイプの学生が学年で1人ぐらいおり、「彼（彼女）には勝てないな」と誰しもが思います。

学生時代から「あいつには偉くなってほしい」と誰しもが思い、卒業後も戦闘機のパイロットや空挺団などのエリート部隊で活躍することが多いです。このタイプは、ある日異世界転生をしても主人公として活躍できるでしょう。

2 ― 溢れる愛国心タイプ

このタイプの学生は高校生のときから国防への意識が高く、「日本の国防は俺に任せろ!」と鼻息荒く防大にやってきます。勉強熱心で真面目な人が多く、入校当初から「ドイツ軍の戦車は〜」や「自衛隊の新型小銃は〜」などの細かい知識を同期に披露し、防衛学の講義でもマニアックな知識を駆使してレポートを仕上げてきます。一方で、この手のタイプは得てして理屈っぽく不器用な人が多いです。防大の細かい規則や小銃の扱いに苦戦し、しょんぼりとしている姿をよく見ます。

細かい知識が豊富でオタク気質な人が多いので、「歩く愛国心」や「1人だけの参謀本部」などと揶揄されることも多いですが、まんざらでもない顔をしているところにかわいさがあります。「戦時中のラジオ放送のマネ」など、マニアックな小ネタを持っていることが多いです。

3—航空機のパイロット志望

防大入校後に適性があれば、卒業後に航空機パイロットの道に進むことができます。そのため、広報官は「**パイロットになれるよ！　トップガンになろうよ！**」と狂ったようにキラーフレーズを連呼し、パイロットへの夢を持った高校生たちを大勢導いてきます。

ただパイロットになれる人は一握りであり、大抵の学生は視力で「適性なし」という判定になります。しかし、「適性がなくても仕方ないよね」と陸上自衛隊の道に進み、卒業後は戦車部隊などで活躍しているパターンもあります。それが人生ですね。

4—地方の進学校出身者

防大受験は公務員試験扱いのため、受験費用は無料です。受験時期も秋頃と他の大学よりも早いため、地方の進学校では「この時期に防大に合格できる実力があれば○○大学は受かる」と模試感覚で生徒に受けさせます（北海道・九州に多い印象です）。そうした理由から、防大では筆記の後の2次試験で「興味がないので行きません」と辞退者が続出します（防大は1次試験の筆記試験に合格すると、2次試験が面接・身体検査になります）。

しかし、中には「興味がないけど、合格は欲しいな」と試験を受けて合格し、その後に「興味はなかったけど、合格したら自衛隊に興味が出てきた」などの理由でやってくる新入生もいます。一見すると志がないように見えますが、彼らは地頭がよい人が多く、体育会系の部活で活躍していたケースも多いです。総合的にバランスが取れているので、メキメキと防大で才能を発揮します。

彼らを見ていると「防大や自衛隊に入る理由はなんでもいい」ということを改めて実感できます。

5　親が現職の自衛官（官品(かんぴん)）

防大は親が自衛官の学生が一定数います。自衛隊は世襲制の仕事ではありませんが、親の影響を受けて自衛官になる人たちは珍しくありません（この人たちは国の支給品にたとえて「官品」と言います）。彼らは、小さいときから「防大は偉くなるし、お小遣いをもらえて最高だぞ」と言われて育ち、防大にやってきます。

官品の中には、「お父さんが陸将」「誰もが知っている有名な軍人の子孫」というパターンもいて、バラエティ豊かです（ただ、学生自身はプレッシャーを感じることもあるようですが……）。自衛隊において、自分の子どもが防大に入ることは一種のステータスであり、親にとっては「最大の親孝行」でもあると言えるでしょう。

彼らはよくも悪くも防大や自衛隊のことを知っているので、「防大ってこんなもんだよね」とドライな目を持ちつつ、物事をこなしていきます。

6 ― 苦学生タイプ

防大は学費無料で給与手当支給のため、家庭事情を考慮して防大に進学する学生がいます。彼らは他の学生よりも壮絶な人生を歩んでいることが多く、**「お年玉をかき集めて防大の試験問題集を買った」「親戚は失踪している人が多い」「教官に『お前よく不良にならなかったな！』と言われた」**などの重めのエピソードを語ります。

このパターンの人たちは優秀で優しい人が多く、苦境に対してもポジティブです。「防大は3食食べられるし、お金ももらえて最高だね」と感謝していることが多く、自衛隊に対する忠誠心も強いです。同じような境遇の部下や後輩に優しく、人望を集めるタイプです。

7 ― 自衛隊生徒からの進学組

自衛隊にはかつて「自衛隊生徒」という制度があり、自衛隊の高校バージョンが陸海空で存在していました（現在は陸自の高等工科学校のみ）。自衛隊生徒の成績優秀者は防大推薦がもらえるため、彼らは3年間の修羅場を耐えたのちに防大にやってきます。彼らは優秀であり、すでに自衛官としての基礎ができているため、防大でもリーダー的な存在になることが多いです。

彼らが語る生徒時代のエピソードはかなりハードで、「泳げない奴は泳げるまでプールに投げ込まれた」や「部活の試合に負けると班長がガチギレするから、死ぬ気で戦った」など防大生でも苦笑いすることが多々あります。**彼らの口癖は「防大は生徒よりも楽」です**（どんな高校時代だったのでしょうか……）。

8 ― 型破りタイプ

このタイプはとにかく型破りで規格外です。「高校卒業から1年間は流浪の旅をしていた」「元ビジュアル系バンドマン」「起業して失敗した」などの意味不明な経歴を持ち、ロン毛や茶髪ヘアで防大にやってきます。すぐに辞めてしまいそうな彼らですが、割と要領がよくバイタリティがあるので、ちゃんと防大を卒業します。防大卒業後も型破りな性格ゆえに自衛隊を退職し、「医者になった」や「ベンチャー企業の経営者になった」などの華麗な転身を遂げたと風の便りを聞くことが多いです。

これらのタイプ分けは一例にすぎませんが、どれかに分類できると思います。防大生を見つけたら振り分けをしてみることをお勧めします。

第2章 1学年はつらいよ

サバイバル生活を生き残れ

宣誓書を提出し、防大に入校した新入生には、「生き延びる」という表現がぴったりなサバイバル生活が待っています。起床ラッパから消灯ラッパまで、大声を張り上げ、己の限界に挑むことになります。

なぜ防大の1学年[*7]の生活が厳しいのかというと、組織において「自分が一番下」という経験が防大の1学年しかないからです。2学年になると1学年が後輩になりますし、任官をすれば自分よりも下の階級の部下がつきます。

つまり、組織において下っ端の人間がどんな思いや苦労をしているのかは、防大1学年のときしか経験することはありません。もし、1学年から上下関係もなく雑用もなければ、若手隊員の気持ちを理解することはできないでしょう。

上級生はエネミー

防大には教官・助教だけではなく、「上級生が下級生を指導する」という伝統があり、**1学年のときは同期と対番学生以外は全員敵です**。もちろん、不条理な指導は禁止されていますが、右も左も分からない新入生は指導するポイントしかありません。「帽子を放置している」「作業服がクシャクシャ」「メモ帳を持っていない」「靴が磨かれていない」など、わざわざ探さなくても山ほど指摘事項が見つかります。

イメージとしては、『世界名作劇場』に登場する「いじわるなおばさん」のように、**「あら！　靴が汚い子だね！」「お前は帽子はいらないのかい？」**と上級生が1学年に指摘してきます。**防大は、そんな「いじわるなおばさん」がひしめき合い飽和状態になっているため、新入生はひとときも気が抜けません**。

防大では、プライベートの空間がない8人部屋で上級生と一緒に生活をします。2〜4学年の目が常にあり「バレないだろう」と手を抜いてもなぜかバレるので、常に全力で生活する必要があります。作業帽を数分間放置していると、上級生が帽子を回収して消えていることさえあるので要注意です。

いずれにしても、1学年にとって上級生は比喩なしで「エネミー」であり、敵対勢力に近いところがあります。この敵対勢力と戦うために1学年ができることは、気をつけして「ハイ!」と大きく答えるだけです。相手を全力で倒すつもりの「ハイ!」が最大の武器のため、**上級生とエンカウントすると基本的には敗北が確定します**。そのうえ、防大には上級生がうじゃうじゃしているので、弾幕シューティングゲームのように捌いていく必要があります。

上級生に呼び止められたときに「聞こえないふりして走って逃げる」という技もありますが、上級生に回り込まれてしまうとゲームオーバーが確定するので気をつけるほうがいいでしょう(地獄の果てまで追いかけてくる人が稀にいます)。

新入生がかかる「防大病」

防大では、目上の人に出会ったときに「お疲れ様です!」と発声しながら敬礼を行います。特に1学年のときは「元気よく言おう!」と指導されるため、上級生や教官に会うたびに「お疲れ様です!!」と絶叫します。1学年は防大において最下級戦士であるため、**校内のどこを歩いても「お疲れ様です！」とシャウトしながら、壊れたおもちゃのようにひたすら敬礼しなくてはいけません。**

声の大きさについては、教官や上級生が「こいつうるせえな……」と顔をしかめるほどになれば「1学年の誉れ」と言われています。

ただ、防大の隊舎はホコリがとても多いので「謎の咳」と「鼻水」に悩まされることがよくあります。これは別名**「防大病」**と言われており、大勢の人がいる環境で大声を出すことで罹患すると言われています。4月になると、学生たちはあちらこちらでゴホゴホと咳をし、鼻水が止まらなくなります。

この防大病と闘うために、「のど飴」や「のどぐすり」を持っていくことが推奨されています。

己の身体で罪を償う反省

かつての防大では、**「反省」**という文化がありました。反省とは「腕立て伏せ」のことを指し、誰かがズル（例：清掃をサボった）をしたり、チョンボミス（例：水筒を忘れた、靴を放置した）をしたときに行われます。現在は教育隊においても行われていないようですが、私が学生の頃は反省が日常であり、生活の一部でした。

反省はあくまでも無理のない回数で行うことが基本であり、実施者の体力を見極めて行うため、腕立て伏せの回数は30〜50回程度です（稀に小数点カウントの49・1、49・2……が始まるので油断は禁物ですが）。反省は連帯責任で行われることが多く、人員点呼や訓練の終了時に「残れ！」と言われて始まるのが通例でした。

入校したばかりの新入生は筋力がないため、連帯責任で腕立て伏せが始まると、業火に燃やされているように悶え、苦しみ、うめき声を上げます。

しかし、反省中につらそうな顔をしていると上級生から「名俳優」と指摘され、楽そうな顔をしていると「自分さえよければ、苦しい同期はどうでもいいのか！」と怒られるので、**つらいときは「涼しげに」、楽なときは「〇〇頑張れ！」とつらそうな同期を応援するのがポイントです。**

反省のときは止めどなく汗が流れ出るので、反省が終了すると廊下が滑りやすくなります。これでは危険なため、反省を行った後は雑巾を持ってきて、痕跡を拭き取るのがルールです。

なお、基本的には毎日のように「残れ！」と言われるため、1学年は反省に対する新鮮さが徐々になくなり、2学年に上がる前には「『やれやれ……』と言って僕は腕立て伏せの姿勢をとった」と心の中で村上春樹が呟くようになり、毎日鍛えられた筋肉で何も考えずに50回をこなせるようになります。

このように腕立て伏せは、身体を鍛えられてよいというメリットがある反面、「とりあえず腕立てすればいいか」と脳筋化するデメリットもあります。考えものですね。

＊7　防大では「〇年生」「〇回生」ではなく、「〇学年」と呼称する。ただ人権がない1学年だけは「いちねーん！」とよく上級生から怒られがち。

1学年はつらいよ、その1
人員点呼、清掃

当時の新入生の学生生活は**「人員点呼」「清掃」「容儀点検」「一斉喫食」などのさまざまなストレスフルなイベント**によって構成されており、1日を乗り越えるためには頭をフル回転させて乗り越える必要がありました。

それでは新入生を鍛えるイベントについて、いくつか紹介していきましょう。

ハラハラドキドキの人員点呼

人員点呼とは現在の人員を確認するために行います。学生の人数・体調状態を確認し、異常の有無を確認します。これだけ聞くと「大したことないじゃないか」と思われるかもしれませんが、1学年は「点呼」と聞くと心拍数が跳ね上がります。

人員点呼は4列横隊で行いますが、1学年が最前列になり、その後ろに2~4学年が並びます。上級生は後ろから1学年の一挙手一投足を見ており、少しでも不備（帽子が曲がっている、靴紐が出ているなど）があると、指摘をしてきます。また、点呼に並ぶのが遅いと「お前はいつも遅い！」などの小言をもらうため、**１学年は誰よりも早く疾風のように走り、点呼の列に並ぶ必要があります。**

人員点呼は日朝点呼と日夕点呼の2回行いますが、それぞれ趣が違います。

低血圧は生き残れない

まず、**日朝点呼ですが「寝起きすぐ」に実施されるのが特徴です。**防大生の朝は早く、0600には起床します（防大や自衛隊では「:」なしで時刻を表記します）。寝坊する学生は1人もいません。理由は、朝になると「起床ラッパ」で強制的に叩き起こされるからです。ラジカセから山下達郎のヒットソングがかかって、かわいい彼女が「今日はいい天気だよ」とトーストとコーヒーを持ってきてくれることは決してありません。

もし早起きをしても「起床ラッパが鳴るまでは行動してはいけない」というルールがあるため、目が覚めてもベッドの中で待機をします。新入生にとっては朝が最も憂鬱であり、**「また1日が始まるのか……」**とブルーな気持ちになります。

そして、**朝の起床ラッパが鳴った瞬間にベッドから飛び起き、「おはようございます!!」と窓やドアを開け、絶叫します**。その後に毛布とシーツを畳み、上半身裸でタオル1枚を持って隊舎の前に5分以内に整列します。この集合が遅いと、上級生から「遅いぞ!! 何やってんだ!」と怒号が飛ぶので、1学年は己の全てをかけて走ります。あまりの必死さにこけることもありますが、アドレナリンが全開になっているので痛みはあまり感じません。

整列をすると号令調整[*8]をしながら、乾布摩擦を行います。特に真冬は寒く、東京湾から吹き荒ぶ風が身体を冷やすため、**目にも止まらぬ高速で身体をスクラッチし、寒さをしのぎます**。点呼は人数が揃うと点呼報告・解散となりますが、解散するときには「1学年を残し解散!」とほぼ確実に言われ、お小言と腕立て伏せが始まります。

1学年にはもはや「眠い」というアンニュイで気だるい感情はなく、生きるか死ぬかのサバイバルモードに切り替わっています。
そして、清掃という新しい戦場に飛び込んでいきます。

清掃はエクストリームスポーツ

防大においての清掃は、まさにエクストリームスポーツ。**肉体と頭脳をオーバークロックし、命の輝きを放ちながら校内を綺麗にします。**清掃は日朝点呼の後と日夕点呼の前に1学年が主体で行います。精神的な負荷が大きい「点呼＋清掃」は素敵なコンビメニューであり、**呪われたハッピーセットとも言えます。**

●朝点呼はとにかく寒い。

清掃は2学年を長、1学年が清掃員として、洗面台・トイレ・乾燥室・廊下などの学生舎の生活施設を3日おきにローテーションしながら清掃して綺麗にします。

当時の防大には「清掃は訓練」のような思考があり、手順を覚えて正確にこなす修練としての意味合いがありました。このスキルがあれば機材の運用などにも活用できるという考えがあったようです。

清掃の手順としては、「拭き掃除はホコリを意識して上から下にやる」や「洗面台は奥から順番にやっていく」などがありますが、**手順通りゆっくりやると「遅い！」と言われ、スピードを求めると「その手順は違うだろ！」と指導されます。**あまりにミスが多いと、2学年に「もうやらなくてよい」とホウキを取られ、2学年からホウキを取られた新入生は「清掃をさせてください！」と絶叫し、ホウキを取り戻そうとします（ジブリのワンシーンみたいで微笑ましいですね）。清掃の時間中は、この押し問答が至るところで発生するため、もはや**防大の風物詩**と言っても過言ではありません。

清掃の手順については、清掃場所ごとに**「清掃の申し送りノート」**と言われる、学生が作成した秘伝の書があり、そこに手書きのイラストや説明付きで攻略本のように解説されています。この申し送りノートには「指摘されたこと」というコーナーも存在し、「拭き方を間違えた」や「作業服の着こなしを注意された」などのチョンボミスが長々と反省とともに書かれており、ドラクエのセーブデータである「冒険の書」のような趣さえあります。

特に洗面台・トイレ・洗濯室・シャワー室などの水場は「水滴を残してはいけない」というベリーハードモードであり、1学年からは「水場は鬼門」と恐れられていました。

清掃に関して、1学年はゲームオーバーを繰り返すことによって2倍速のスピードを獲得し、**小学生の手から必死に逃げるバッタのような速さで雑巾がけができるようになります**。限界を超えた雑巾がけで、1学年の作業服ズボンの膝部分はいつもボロボロと皆様にお伝えしておきましょう。

日夕点呼はミッションインポッシブル

日夕点呼は校友会の活動が終わり、入浴・食事・清掃などを済ませた後に行われます。ただ、校友会が終わるのが1800前後であり、点呼の集合が1920であるため、時間的にはかなりタイトです。

さらに、1学年はこの時間帯にプレス・ベッドメイキング・報告書作成などのイベントも行うため、とにかく時間がなく、ミッションインポッシブルのようなスピード感が求められます。**入浴5分、食事5分、校内の移動はダッシュで走り抜けます**(常にBボタンから指は離せません)。防大には「時間は自分で作るもの」という教えがあり、1分1秒を愛おしく感じながら点呼までの時間を過ごしていきます。この生活を極めると、**「アイロンが温まる間にベッドメイキングをする」**という技すらあります。これは「アイロンが温まる時間さえもったいない」という防大生活の特徴をよく表した行動です。

日夕点呼の前には清掃がありますが、2学年のテンションが朝よりも高いため、指導が厳しいことが多いです。あちらこちらで「清掃をやらせてください!」という1学年の魂の声が響き渡り、学生舎というダンスフロアが熱気を帯びていきます。

清掃が終了すると廊下の掃き掃除を行い、2学年が「清掃終わり! 点呼準備!」と大声を上げた瞬間に清掃を撤収し、自分の寝室に飛び込みます。日夕点呼には「プレスされた作業服で集合する」というルールがあるので、清掃が終了した後に一度自室に戻って着替える必要があるからです。

吹っ飛ぶベッド

自室に戻ると、99%の確率でベッドが飛ばされています。マットレスがひっくり返り、シーツは剥がされ、枕は行方不明になっています。これは「ベッドメイキングが汚い」という指導であり、部屋のどこかに飛んでいった自分の枕を探し、毛布やシーツを1分で直し、1分でプレスされた作業服に着替えます。

着替えるときのポイントは、「できるだけ早く」「服にシワをつけない」などがあり、背中の布を張るためにイナバウアーのように背中を反ります。その間も上級生がジブリのキャラのように「ホラ、チンタラするんじゃないよ」「あと10秒だけ待ってやる」と煽ってきますが、努めて平常心でいることが大切です。

着替えが済んだ後は、作業服の着こなしを崩さないようにペンギンのように直立不動で小走りし、学生舎の中隊ホールに4列横隊で集合します。自分の後ろからは猛獣たちの息遣いを感じるため、1学年は点呼中に生きた心地がしません。
点呼が終了すると「1学年を残して解散！」と言われ、1学年のチョンボミス発表会、そして反省の腕立て伏せが始まります。

腕立て伏せが終わると、ようやく点呼解散になります。

解散をする頃には1学年の作業服は汗で湿り、身体からは酸っぱいスメルが漂います。これを**「お風呂リセット」**と私は呼んでいました。もう一度風呂に入る、シャワーを浴びるなどの選択肢がなく、とりあえず上着を脱いでファブリーズをし、乾くのを待つしかありません。湿った作業服とお友達になれるかどうか、それが防大生の大切なポイントでしょう。

恐怖の非常呼集訓練

防大では非常呼集訓練が定期的に行われます。その名の通り、「非常事態が起こったと想定して行われる点呼訓練」です。通常の点呼とは異なり、イレギュラーな服装や持ち物が指定されることもあります。

起床後すぐに「パラパラパッパパー」とおどろおどろしいラッパが鳴り、「訓練非常呼集、服装は～」と放送がかかると、学生たちは「うわぁ！」と大騒ぎになります。血圧は一気に高まり、慌てすぎてこける学生も現れます。

ちなみに、非常呼集の時期は「トップシークレット」とされていますが、情報通の学生はニヤッと笑いながら「そろそろ……かな」と呟いて学生舎をざわつかせます（ただのハッタリであることもよくあります）。

特に1学年の頃は、「非常呼集に適応するため」と上級生による非常呼集訓練がよく行われます。上級生が点呼終了後に笛を「ピー！」と鳴らし、**「訓練非常呼集、対象1学年」と言われると悪夢の始まりです。**

「水筒、装具や背嚢（はいのう）（リュック）を持って集合」と指示されても、慌てすぎて「水筒の水が半分も入っていない」「半長靴（ブーツ）を左右逆に履いている」などのミラクルを起こす学生が現れます。このような学生が発見されると反省の腕立て伏せがスタートし、解散の頃には「またやるからな」と上級生に言われ、1学年は絶望します。

私も非常呼集の自主練習を夜な夜なやり、上級生に「うるさいぞ！」と怒られたことがありますが、**「いつ何時でも対応ができる」という自衛官の態勢はこのような日々から練り上げられているとお伝えしておきましょう。**

＊8　「前へ進め」や「右向け右」などの号令を練習すること。1学年は死ぬ気でやるが、上級生はやる気がない。

同期は売るな、「ほうれんそう」を売れ

防大生活においてやってはいけないことの一つに、**「同期を売る」**という行為があります。これは自分のミスを誰かのせいにする、同期のミスをバカにするなどの行為が該当します。

たとえば、上級生に「清掃が終わってないじゃないか」と指導されたときに「ここの担当は私ではなく佐藤学生です！」と釈明する、同期に制服を汚され上級生に「お前の制服はなんで汚い！」と指導されたときに「井上学生にミートソーススパゲティをこぼされました！」などと正直に話すと、**「同期を売るな！」「人のせいにするな！」と烈火のごとく怒られることがあります。**

もちろん、明らかな不正行為を庇う必要はまったくなく、報告する必要があります。しかし、同期の日常のチョンボミスをわざわざ言うような学生は「簡単に同期を売る

な！」と厳しく指導され、売られた同期からも「あいつは俺のことを売ったな……」と評価が下がり、相互不信につながっていきます。

とはいえ、**生活に余裕がなく精神的に切羽詰まっている1学年は、「怒られたくない」という感情から、ついつい同期を売ってしまうことが多いのです。**

上級生に指導され、原因を問われたときに「これは平井学生が担当すると言っており」と同期の名前を出し、同期に売られた平井くんは「これは高橋学生の指示により」とさらに同期の名前を出します。

私が1学年のときの中隊は同期を大安売りする学生が多く、同期の価値が暴落し、戦後のドイツマルクのように紙切れ一枚ほどの価値になりました。この状況を見かねた4学年は、点呼後に1学年を集め、戒めの発言としてこう言いました。**「お前らは同期を安く売りすぎなんだよ！　勝手にバーゲンセールするな！　お前らの団結は売れ残りのワゴンセールか！」**と。

私はこの「同期を売る」から生まれた「同期のバーゲンセール」という言葉が非常に好きになり、同期を売っている1学年を見るたびに「う〜ん、これぞ防大春の大安売りセール」と呟いていたのでした。

「ほうれんそう」の意味

同期の大バーゲンセールが発生し、同期の団結が乱れていたある日、4学年のSさんが中隊の1学年を日夕点呼後に集会室へ集合させました。このSさんは大男で顔が怖く、「あの人だけは怒らせてはいけない」と恐れられている存在でした。

集められた1学年は戦々恐々としつつ、Sさんの話は始まりました。

まず話は「なぜ同期のせいにするのか?」から始まり、「どうすれば連携ミスがなくなるのか?」という流れになりました。Sさんは淡々と話をしていますが、瞬間湯沸かし器のようなところが少しある方だったので、**「いつ激怒するか分からない」という緊張感が集会室には漂っていました。**

Sさんは私たちにこう質問をしました。**「そもそも、お前らは『ほうれんそう』(報連相)の意味を知っているのか?」**と。するとと、同期の1人が元気よく手を挙げて「存じております!」と言い、Sさんは「よし言ってみろ」とその同期のUを指名しました。Uは「好きなタイプは？」と聞くと「う〜ん、僕は『こんごう』かな」と海上自衛隊の護衛艦タイプを答えるマニアで、いつもよく分からないことばかり語っている奴でした。

もちろん、私たちは「報告・連絡・相談とUは答えるだろうな」と考えていましたが、彼は一味違う回答をしました。**「はい！『ほうれんそう』とはタマネギ科の植物であり〜」**となぜか「ほうれん草」について説明を始めたのです。

緊迫感溢れるミーティングで46センチ砲に匹敵する回答をした同期に対し、1学年は「爆笑したい」と「笑ってはいけない」のせめぎ合いで身体が震えました。「この文脈で野菜の話をしないだろ！」と突っ込みたくて仕方がなかったのですが、Sさんは一切笑わずに「違う」とスルーしたため、笑うことができませんでした。

後日、ほうれん草について調べてみると「ヒユ科」であり、そもそも「タマネギ科」は存在しなかったことに我々は気がつきました。つまり、その同期は何もかも間違った回答をしていたのです。**Sさんの「違う」は「ほうれんそうの解説」だったのか、「植物の分類」だったのかは未だに分かっていません。**

1学年はつらいよ、その2
服装点検

指摘事項でラップバトル、容儀点検

容儀点検とは、防大生として相応しい服装をしているかの点検です。**防大では身だしなみにかける情熱が凄まじく、**放課後に渋谷に出かける女子高生のように、学生たちは自分の服装を鏡でチェックします。陸上自衛隊には**「磨いた自分の靴に顔を映し、プレスしたズボンの折り目で髭を剃れ」**という言葉がありますが、防大でもまったく同じことが言われていました。

入校したての新入生は、時間さえあればプレスや靴磨きを延々としていることも珍しくありません。

作業服の点検は日曜日の夜、制服の点検は月曜日の朝に行われます。この点検のチェック項目は、「しっかりとプレスされているか」「靴を磨いているか」「爪や髭を手入れしているか」という内容ですが、1学年はかなり厳しくチェックされます。不備事項があれば「○○不備！」と上級生に言われるので、指摘された学生は「○○不備！」と復唱します。

たとえば、数ミリでもシワがあると**「プレス不備！」**、ベルトが少しでもズレているると**「ベルト不備！」**と言われます。さらに、やる気のなさそうな顔をしていると**「目の輝き不備！」**と指摘されるので、気合を入れる必要があります。

指摘事項があまりにも多いと、上級生からの指摘は「帽子の被り、ズボンのプレス、ホコリ、着こなし、靴の磨き、ピカール[*9]、目の輝き不備！」と長くなるため、新入生は覚えられずに復唱できないことがあります。「帽子の被り、ズボンのプレス、着こなし……？」となったときは、上級生は再度「帽子の被り、ズボンのプレス、ホコリ、着こなし、靴の磨き、ピカール、目の輝き不備！」と相手に伝え、これを新入生が再度復唱するため、バックビートのないラップバトルが繰り広げられます。

なお、指摘事項を自信満々に返すと**「それだけ指摘事項があるのに、なんで自信**

満々なんだ!?」と怒られ、申し訳なさそうに言うと**「大きな声で言え！」**と言われるので、新入生は大きな声で復唱しつつ「もののあはれ」な成分を入れ、切ない心情を残す必要があります。

私が在籍した当時は、点検に落ちると毎日の再点検に加え、「容儀点検に関する報告書」という手書きの書類を週番学生に提出する必要もありました。そのため、プレスが下手な新入生は、キラーワードをメモ帳に書き留めるラッパーのように、教場や自習室で暇さえあれば報告書を作成する羽目になります。

不条理なように思えますが、**この容儀点検を繰り返すことによって、新入生はバシッとした容儀を手に入れることができると言えるでしょう。**

＊９　金属を磨く白い液体。海上自衛隊が多用する。ピカールで靴を磨くと綺麗になるという伝説があるが、実際に磨くとボロボロになるので要注意。

1学年はつらいよ、その3
一斉喫食

防大には大食堂があり、学生は朝昼晩の3食を食べることができます。私が在籍していた頃の食堂は古い体育館のような佇まいで、1800人が一度に喫食できるキャパシティがありました。

防大の食堂は1800人の食事をまとめて作るというミッションがあるため、どうしても味が大味になり、おかずが冷めていることも珍しくありません。来校した国会議員が試食をし、**「ご飯が大盛りですね！」「味が濃いめですね！」**など、少しお茶を濁したコメントをすることから察することができるでしょう。

防大の食堂で4年間過ごすと、「美味しくない」と評判の基地や駐屯地の食堂でご飯を食べても「美味い！」と笑顔で喫食が可能です。

ちなみに、防大卒は幹部自衛官になってから「部下から出されたものは全て食べる」という教えをきちんと守ることができるので、これも教育の一環だと私は思っています（今は食堂が新しくなったので、ご飯が美味しくなっていると思います。たぶん）。

なお、防大では「今日のメニューはなんだ？」と上級生に聞かれたときに「豚肉の生姜炒めです！」とすぐに答えられる1学年は「デキる」と評価されるため、メニューを毎日確認するのも1学年の一つの仕事になっています（これは世界中の軍隊で共通の気遣いらしいです）。

朝食はパンに挟んで牛乳で流し込め

朝食は「ご飯食・パン食」を選択することができます。選択することが少ない防大においては、学生に与えられた裁量権の一つでもあります。しかし、**1学年はパン食しか食べることができません**。理由はご飯食の数が限られており、ほかほかのご飯を全学生が食べることはできないからです。パンを焼くトースターなどもありますが、これも数が限られているため、1学年は使用することができません。

パン食は「ハム・食パン・サラダ・牛乳」のコンビネーションが定番であり、**時間がない1学年はハム・サラダをパンに挟み、牛乳で胃に流し込みます。**この思考方法は、フードファイターが行う「ホットドッグをいかに多く食べるか」の工夫に似ていますね。ほかほかのご飯や、トースターで焼いたカリカリのパンを優雅に食べている上級生たちの姿を見て、1学年は「早く自分も人間になりたい」と心の中で誓って食堂を去ります。

2学年以上になると時間に余裕があるため、朝ご飯をカフェ飯のように優雅に食べることができます。必死に食べる1学年の姿を見て「頑張れ」と思いながら、ほかほかのご飯とハムステーキのマリアージュを楽しみます。

昼食は戦いだ！　ドレッシングの取り合い

昼食では、防大のビッグイベントの一つである**「一斉喫食」**があります。一斉喫食とは、全学生が食堂に揃ってから食事をするという防大文化です。その準備をするのはもちろん1学年です。1学年とはあらゆる雑用をこなすオールラウンダーであり、優秀な召使いでもあるのです。

1学年は、午前の講義が終わる前になるとソワソワし、頭の中が食堂の準備のことでいっぱいになり上の空になります。それを察した教官が「じゃあ、終わろうか」と言い、全員で教官に礼をした瞬間に**1学年は給仕に変身し、食堂という名のレストランまで走ります。**

食堂に到着すると、1学年はまず人気のドレッシングと氷の確保に奔走します。防大の食堂では複数のドレッシングがありますが「人気のあるドレッシング」と「不人気のドレッシング」があり、人気のあるものは他の中隊の1学年に確保されてしまうからです。また、麦茶に入れる氷も数が限られているため、うかうかしているとなくなります。なくなると上級生に夏場にぬるい麦茶を提供することになり、上級生食べログに「☆1　暑い夏にぬるいお茶を飲まされます」というマイナスレビューをつけられるので要注意です。

このドレッシングと氷の争奪戦は、まさに各中隊のフラッグ戦であり、たかが調味料の確保に1学年は全身全霊をかけます。

なお、この人気のあるドレッシングとは「数が少ないもの」であることが多く、食堂側が「人気のある青じそドレッシングを増やそう」と調整すると、需要と供給のバランスが崩壊し、青じそが不人気になります（防大生とはそんなもんです）。

配膳、食事中も1学年は気を抜けない

そして椅子・テーブルを綺麗に拭き、ご飯を盛る前にも茶碗が欠けていないか、箸は折れていないかを一つ一つ点検しつつ、ご飯や味噌汁を盛り付けていきます。うっかり欠けた茶碗を上級生に出すと「ほ～、こいつは年代物ではないですか。いい仕事してますねぇ」と『開運！　なんでも鑑定団』に出演する中島誠之助先生のような台詞を言われるので要注意です。

あまりにも配膳の準備が遅い場合は、様子を見にきた優しい2学年が「そんな盛り方じゃダメだ。お前らに本当のご飯の盛りというやつを見せてやる」と『美味しんぼ』の山岡士郎のようなことを言いながらサポートしてくれます。

ちなみに、防大の炊飯ジャーは大きいため、上層は綺麗に炊けていますが、下層に

なるにつれて圧力と熱に負けたご飯が「焦げた熱い餅」のようになっています。熱い餅のようなご飯を食べるのは、もちろん1学年です。

配膳が完了し、全学生が集まると一斉喫食が始まります。しかし、ここでも1学年の修行が始まります。一斉喫食には「1学年はテーブルマナーを学ぶ」というお題目もあるため、**「相手のスピードに合わせて食べる」「調味料を差し出す」「お茶を注ぐ」などの気遣いが求められ、1学年はご飯を食べている気がしません。**

さらに、1学年は「毎日座る位置を変える（上級生は固定）」「相手に話題を振る」というルールもあるため、話したことがない上級生とご飯を食べなくてはいけません。疲れ果てた1学年は、寂れた旅館にある占いゲームのように「○○さんの出身地はどこですか？」「何人兄弟ですか？」と抑揚のない声でつまらない質問をし、上級生をうんざりさせます。

ただ、上級生の中には「食事のときは話しかけないでくれ。僕はね、食事の時間は自由に……誰にも邪魔されずに……心の喜びを……」と『孤独のグルメ』のようなことを言い出す人もおり、そうした人が自分の目の前に座っているときだけは、ゆっくりと食事を楽しむことが可能です。

一見意地悪なように見える一斉喫食ですが、**これを繰り返すことによって、防大生は「知らない人と臆せず食事ができる」という技術を学んでいきます。**コミュニケーションが苦手では、幹部自衛官として困ったものですからね。

夕食は心の安寧の時間

夕食はある程度時間の余裕があり、好きな仲間と席やテーブルを選んで自由に食べることができるので、**防大において数少ない心の安寧を保てる場**でもあります。

ただ、ラグビー部やアメフト部、短艇(たんてい)委員会の学生は部員同士で食事をすることがルールであり、下級生は上級生に「でかい身体を作れ」と『まんが日本昔ばなし』のような盛り方のご飯を食べさせられます。

一方で「時間がない！」とテンパっている1学年は食堂に来ず、プレスなどを行っ

●白い夏服は鬼門、とにかく汚れやすい。

ているケースがあります。この行為は**「不喫食」**と呼ばれており、罪深い行為とされています。不喫食がバレると「お前は国税を無駄にしたな！」と怒られますし、たまに抜き打ちで不喫食調査も行われているため要注意です。

防大生の天敵は麺類

防大の夏服は開襟で爽やかな純白です。それゆえに食事のシミが目立ちやすく、ウエディングドレスを着た花嫁のように食事には気を遣います。**そんな夏の防大生の天敵は「カレーうどん」と「ミートソーススパゲティ」などの麺類です。**特に、カレーうどんは箸が滑ってうどんを落とすだけで飛沫が飛び、学生のドレスを汚してきます。

そんなときに備えて、学生は「シミとりレスキュー」や「クリンクリン」というシミ抜き剤を常備しており、シミをその場で拭き取ります。1学年は、上級生の手元が滑ったときにこれらを豊臣秀吉のようにサッと差し出すと、「お前は気が利くな」と評価がかなりアップします。マッチョな腕で制服のシミ取りをしている姿は、ギャップが好きな人にはたまらないでしょう。

１学年はつらいよ、その４
大浴場

大浴場はまさにジャガイモの芋洗い

私が学生の頃の大浴場はとても古い平屋建てであり、**「オンボロ」**という表現がまさにぴったりでした。建屋はあちらこちらがひび割れ、浴場の床には蟻が歩き、絶妙な深さのために浴槽の中で座ることができない（中腰が限界）というスペックでした。

夕方になると、そんな大浴場にスーパーの買い物カゴ（プラスチック製）に洗面用具、着替えを入れた学生たちが汗と砂埃だらけになった身体を洗うべく押し寄せます。

大浴場の更衣場は、着替えを入れるロッカーのスペースの関係から、銭湯のように広々したものではなく、通勤ラッシュの東西線ホームのような息苦しさが常にありました。**更衣室では未来を担うエリートたちの「ゾウさん」があちらこちらでブラブラ**

しているため、うかうかしていると太ももやお尻に接触事故を起こしかねません。

このような悲劇は誰も幸せにならないため、白鳥の舞を踊るバレリーナのように背筋を伸ばして「トトトッ」と大浴場に向かう必要がありました（浴場入り口のマットは水虫が大繁殖しており、「バイオテロ」と呼ばれていました）。

なお、生命力が求められる防大では**「ゾウさんの大きさ」**も立派な評価基準であり、ゾウさんが大きいと「ビッグボス」や「アニキ」などのあだ名がつき、神格化されます。娯楽があまりにもない防大では、「見たことのない大きいゾウさん」を持っているると珍百景として登録されます。

風呂でも厳しい上下関係

私が在籍していた頃の防大は、大浴場でも上下関係が分かれていました。「上級生（3〜4学年）浴槽と下級生（1〜2学年）浴槽」にそれぞれ分かれており、「2学年以上はカランシャワーの使用可」というルールさえありました。

このルールによって、1学年は下級生浴槽からお湯を直接タライにすくって身体を洗う必要がありました。そのため下級生浴槽の周りは、お釈迦様の蜘蛛の糸を求める罪人のように1学年がごった返しており、その後ろには「場所待ちの1学年がスッポンポンで待機している」というありさまでした。一方で、上級生浴槽はガラガラであり、まるで箱根の温泉のような余裕さえありました。

このように、**「余裕な顔をした上級生が、芋洗いになっている下級生を見る」**という天国と地獄のような構図があり、1学年は階級社会の厳しさを大浴場でも味わうシステムでした（現在はそのような不条理はないと思います）。

なお、1学年は時間がないため、浴場には時計とにらめっこしながら入ります。時間がないときは5秒、時間があるときは2分といった感じです。イメージとしては「博多ラーメンの茹で時間」だと思ってください。本当に時間がないときは、身体だけ洗って出る「湯気通し」まで存在します。

そんな戦場のような大浴場から脱出し、脱衣所で着替えるときに新たな問題が発生します。それは湯冷ましもしないホカホカの身体で作業服を着ると、「身体から汗が噴き出る」という問題です。せっかく汗を流したのに一瞬で汗まみれになる理不尽さを味わいながら、1学年は走り出し、さらに汗まみれになります。**作業服のどこかがいつも湿っているのが防大スタイル**と言えるでしょう。

学年の立場が逆転する勤労感謝の日

防大の召使いとして息をつく暇もない1学年ですが、そんな1学年が最も偉くなる日があります。それが**「勤労感謝の日」**です。

この日は廊下を歩いてもよし、乾燥機を使ってもよし、内線で「4学年の高橋いるかい？」と呼び出してもよしと、**スターを取ったマリオのように無敵になります。**4学年が敬礼したときでも、1学年は「うむ」とだけ言って敬礼を返せばよく、清掃や一斉喫食の準備も4学年が行うので、ひとときの安らぎを得ることができます。

ちなみに、本当の勤労感謝の日は11月23日で祝日となるため、11月20日前後にこのイベントが行われることが多かったです。

ただ、この「勤労感謝の日」は1学年が楽しむイベントというよりも、4学年が楽しむイベントでもありました。というのも、**イタズラ大好きな4学年が1学年に散々**

イタズラを仕掛けてくるからです。

たとえば、清掃の時間になると担当の4学年がなぜかホウキを5本持ってきて、慌てている仕草をします。1学年が「なぜホウキが5本あって、雑巾などはないのか？」と聞くと「今日はそんな気分でした」などと4学年はとぼけた返答をします。

そして、清掃が始まってもわざとバケツをひっくり返す、ホウキで遊び出すなどの悪ガキぶりを発揮することが多いので、まったく清掃が進みません。結局のところは1学年がやることになります。

また、一斉喫食では「すみません。ご飯の量を間違えました」と山盛りのご飯を出され、「調味料を間違えました」とイカフライにドレッシングをかけられます。

そんなくだらないイタズラだらけですが、「校内をゆっくり歩く」「乾燥機を使える」「大浴場でシャワーを使える」などの特権が1学年にも解放されるため、**「もう少し頑張ってみようかな」と1学年は思うことができます。**

1学年が最大の山場

「固め・濃いめ・多め」の体育会系エッセンスに読者の皆様もお腹いっぱいになり、胃もたれをしていると思いますので、この章はここまでにしておきましょう。なお、前述した内容は1学年の平日5日間に毎日味わいます。

このようなハードな生活を乗り越えると、敬礼の「お疲れ様です!」は「オッ」という発声に縮まり(早口すぎて常人の耳では聞き取れなくなります)、3歩以上は自動的に駆け足するようになります。

この理不尽と不条理のサンドイッチを1年間で味わった防大卒は、「自衛隊生活で一番つらかったのは防大1学年」と言う人までいますし、「防大1学年よりマシだな」という防大卒の合言葉さえあります。

ただし、2学年になると「もう注意されなくてもできるでしょ」となり、規律がある程度緩和されるため、**1学年を乗り越えれば卒業までは一直線**と言えるでしょう。

COLUMN 2 陸上・海上・航空の選び方

防大に入校した1学年は共通要員として教育を受け、2学年進級時に陸上・海上・航空の要員に振り分けされます。この要員で卒業後の進路が決まり、それぞれの道を歩むようになります。

防大で一番人気があるのは「航空」です。「パイロット」「恰好いいイメージ」「防大での訓練が陸・海より楽」などの理由があり、高倍率になっています。

次に人気があるのは海上です。理由は、「任官後の遠洋航海で世界1周ができる」「給与がよい」などの分かりやすいメリットがあるからです。

一番の不人気は陸上です。陸上要員の訓練は体力的にハードであり、泥にまみれることも多いのが理由です。枠数も多いため、特に希望を出さないと陸上要員になる可能性が高いです。ただ、陸上自衛隊は「家に帰れる」「駐屯地が多いので地元で働ける」というメリットもあるため、海上よりも人気が高くなる年もあります。イメージとしてはこんな感じです。

航空＞＞＞海上＞陸上

このような事情から、防大ではポケモンのように「陸海空から好きな自衛隊を選ぶのじゃ」とはならず、本人の希望と適性、組織の要望で振り分けが決まります。そこで、学生は教官に対して「航空自衛官になりたいアピール」をします。「日本の空を守りたい」「幼い頃からの夢だった戦闘機の近くにいたい」など、「本当かよ？」と思うような台詞を語るようになります。

しかし、教官は一枚上手です。航空要員アピールをする学生に、「**お前は顔が陸上自衛官だからダメ**」「**君の守護霊は武士だからレンジャー**[*10]**にいきなさい**」と言って諦めさせていました。顔が陸上自衛官と言われた同期は、その後陸上自衛隊に進み、幹部レンジャーになっていました。運命とは分からないものですね。

また、防大には歴史の教科書に記載されている著名な軍人の子孫が入校することもありますが、先祖が元陸軍だった場合は、「君は陸上自衛隊以外ありえない！」と周りから散々言われ、希望要員以外を進む人も多いようです。名家の生まれは苦労が絶えないのですね。

とはいえ、その要員になったら「自分はこの要員でよかった」と思うことも多いので、**自衛隊に入隊したらなんにしろやってみることが大切でしょう。**

それぞれの要員に配属されると、陸上は戦闘訓練、海上は手旗信号・モールス信号、航空はグライダー・航空経路図の作成など特色のある訓練を行うことになり、学生の気質も段々分かれてきます。

- **陸上：泥と汗にまみれ、苦痛に強くなる。筋肉と気合で解決する傾向が強い**
- **海上：船乗りの爽やかさを持つ人も多いが、マニア気質の変態が多い**
- **航空：よく言えば柔軟、悪く言えばチャラい人が多い。エリート意識が謎に強い**

現在は、陸上自衛隊から航空自衛隊・海上自衛隊への配属転換が計画されているため、悲願の夢を果たす防大卒幹部もきっと出てくるでしょう（幹部自衛官は配属のランダム性が高く、「人事はひとごと」と言われています)。

＊10　不屈の精神を持ち、不眠不休で戦える精鋭隊員のこと。

COLUMN 3 学生のヒエラルキーと役職

防大の上下関係の厳しさを表す言葉として、次の言葉があります。

- 1学年：ホコリ（名札の色・白）いつも清掃していて、ホコリまみれの姿
- 2学年：ホウキ（名札の色・緑）ホコリである1学年を指導する
- 3学年：人間（名札の色・黄色）生活に余裕があり、人間らしい生活ができる
- 4学年：神様（名札の色・赤）最も偉く、尊い存在（と1学年に思われている）

防大では「名札の色は信号機と同じで、危険度を表している」と言われており、赤色の4学年が最も危険だと言われています。1学年にとって4学年からの指導が最も恐ろしく、なんとしても避けたいといつも考えています（3号生が一番怖

いとされている男塾みたいなものです）。

また、防大では「学生長」という役職があります。これは4学年の中から選ばれるリーダー的な存在であり、成績や生活態度を見たうえで教官から打診されます。人数はそれぞれ次の通りになります。

・学生隊学生長：1人（最優秀学生から選出され、卒業式で総理大臣と握手する）
・大隊学生長　：4人（真面目でバランスの取れた優秀な学生が多い）
・中隊学生長　：16人（型破りで生命力が強い人が多い）
・小隊学生長　：48人（人数が多いので能力はピンキリ）

任期は約3カ月で、前期（4〜8月）・中期（8〜12月）・後期（1〜3月）の期間でそれぞれ選出されます。学生長とは防大生活の花形的存在であり、下級生だけではなく、同期の学生からも尊敬を集めます。

防大を卒業した後の成績を見てみても、「学生時代の役職通りだな」ということがありがちです。学生隊学生長をやっていたような学生はエリート街道を進み、特に何もやっていなかった学生は平々凡々にやっていることが多い気がします。

ただ、任官後にメキメキと頭角を現す人もいるため、学生時代の序列が全てというわけではありません。**あくまでも実力主義なのが、自衛隊のよいところとも言えるでしょう。**

第3章

限界に挑む

訓練と行事

手ごわい射撃訓練

一般大学とは異なり、防大にはさまざまな訓練がカリキュラムとしてあります。1学年では共通訓練として、射撃訓練・遠泳・徒歩行進（20㎞）などがあり、2学年になると陸上自衛隊・海上自衛隊・航空自衛隊の要員に分かれた後にそれぞれ訓練し、夏季や冬季には集中的に訓練を行います。

ボロボロの装具と64式小銃

防大生には、訓練に使用する装具一式（背嚢＝リュック、弾嚢（だんのう）＝マガジンポーチ、弾帯（だんたい）＝ベルトなど）が貸与され、大切に管理して使用します。ただ、私が学生の頃の装具一式は恐ろしくボロボロで、「穴が開いている」「洗濯と乾燥を繰り返して素材が硬化している」という歴戦の猛者仕様でした。

さらに、名前を書くスペースには歴代の所有者の氏名が耳なし芳一の念仏のように書かれており、怨念を感じる呪物でした（もらったときの衝撃は忘れられません）。

また、防大では1人1丁ずつ**「My小銃」**を貸与され、大切に維持管理をしていきます。４月５日の入校式が終わると「銃貸与式」が始まり、教官から小銃を渡され、小銃の固有番号を読み上げます（教官は小銃をかなりしっかり持っているので、奪い取るぐらいでちょうどいいです）。

小銃は学生舎にある武器庫に厳重に格納されていますが、射撃訓練や観閲式パレードなどで使う機会も多いため、防大生には「マイフレンド」と言える存在です。**このマイフレンドである小銃に「名前をつける」という文化が一部あります**。名前のつけ方はなんでもよく、「次元」や「東郷」と射撃名手のキャラクター名をつける学生や、「りえちゃん」や「サチエ」など好きな女の子の名前をつける学生までいます。

小銃を扱う際のご法度は、「小銃を地面に落とす」と「小銃の部品を落とす」という行為です。この二つの行為は銃の破損・故障に直結するため、「いざというときに撃てない！」という悲劇が生まれます。

誰かが「ガシャン」と小銃を落とすと「小銃を持って走るハイポート[*11]」もしくは「反省の腕立て伏せ」が確定します。また、落とした本人は「情けない奴だ」という目で同期から見られるので、「死んでも銃を落とすな」という言葉が学生たちのDNAに刷り込まれます。

防大で扱う64式小銃は旧型であり、「小さいパーツが落ちやすい」という特性があり、学生は気が気ではありません。油断していると「ほな、さいなら」と部品くんが旅に出てしまうからです。ミッキーマウスが運転する車が徐々にバラバラになっていき、最後はハンドルしか持っていなかった……となるように、64式小銃は**「気がついたら銃身だけになっていた」とさえ思えるぐらい部品が落ちます**。

部品がなくなると、もちろん大捜索になります。地面に這いつくばり、休憩時間を全て返上して部品を探します。そのため、防大生は「自分の小銃の部品がない！」という悪夢を見ることが多いです。64式小銃は鉄の塊でとても重く、錆びやすさに加え、油断していると部品が落ちますが、学生は「できない奴ほどかわいいものさ」と呟くのでした。

銃にも個性がある、射撃訓練

防大には25mの射場があり、学生は小銃（ライフル）射撃を1学年の夏季訓練から行い、4学年になると拳銃（ピストル）射撃の訓練も行います。時間割に「訓練・射撃」といったように組まれており、経済学の講義などが終わった後に、武器庫から小銃やヘルメットを搬出して訓練準備をします（防大にいると小火器がかなり身近に感じるようになります）。

実弾射撃にはセンスが重要であり、いつもボンヤリしているのに射撃だけは全弾命中する学生や、緊張しすぎてなぜか隣の的を射撃している学生まで多種多様です。

実弾射撃は安全管理上、非常に厳格な規則が多いため、楽しいものではありません。加えて、射撃をすると煤で小銃が真っ黒に汚れてしまい、分解して清掃しなくてはいけないため、「また射撃

●64式小銃はとにかく無骨な鉄の塊。そのくせ部品はよく落ちる。

か……」とうんざりするようになります。

陸上要員の学生については機関銃（マシンガン）の空砲射撃（実弾がなく、火薬だけの弾）も訓練でありますが、私が学生時代に訓練で使用していた機関銃は旧式の「62式機関銃」であり、世界に誇る名銃でした。

この機関銃の特性を一言でたとえるのであれば、**「ツンデレ属性」**です。

「ふん、あなたみたいな人には撃たせてあげないわよ！」とワガママなお嬢様ぶりを発揮し、すぐに弾詰まりして連射がうまくできません。さらにとても重く、部品も落ちやすいという特性もあるため、機関銃のくせに歌舞伎町のホストクラブに足繁く通ってそうな雰囲気があります。

また、射撃中に変なところで槓桿（こうかん）が止まると、ドライバーなどで力を加えないと直せないため、**「言うこと機関銃（いうこときかんじゅう）」**や**「単発式機関銃」**と呼ばれており、うまく連射ができると「よくやった！」と言うことを聞かないポケモンを操るサトシのような気分になります（なお、現在採用されているミニミ機関銃は優等生でピカチュウのように従順です）。

防大生では「小銃が好き」という人はレアですが、ガンマニアは一定数おり、「この小銃はワン・オブ・サウザンド」などの寝言を訓練中によく語ります。彼らは、休日になるとサバゲーなどに出かけます。周りの学生からすれば「休日まで訓練みたいなことをするのは意味が分からないだろ」と思われることが多いですが、彼らは「サバゲーが訓練の役に立つ」と真面目な顔をして語ります。

エアガンが訓練に導入されていることを考えると、彼らの言い分はあながち間違いでもないでしょう。

＊11　小銃を持って走る訓練。ハイポートが好きな教官の場合「トラックが故障したから走って帰るぞ」といきなりハイポートが始まる。

四季折々で限界に挑む
防大の訓練・行事

8km遠泳訓練（1学年・7月）

防大に入校した新入生が迎える最初の関門は、7月に行われる8kmの遠泳訓練です。乗船中の船舶が沈没しても、ちゃんと生き延びて帰還できる術をここで学びます。潮の流れが速くクラゲ天国の東京湾を、6時間ほどかけてみんなで泳ぐことになります。現在の東京湾は比較的クリーンですが、高度成長期時代はヘドロが多く、「汚い東京湾を泳ぐ」という別の意味での精神鍛錬があったと聞いています（当時は遠泳終了後にお腹が痛くなる学生も多かったようです）。

一方で防大の入試科目に「水泳」という項目はないため、まったく泳げない学生はこの遠泳を乗り越えるべく、ひたすらプールで泳ぐことになります。**受験勉強を乗り**

越えようやく大学に入ったと思ったら、ひたすら平泳ぎをするのが防大新入生の夏と言えるでしょう。

特にモンゴルの留学生などは、学校の授業などにも水泳がないため、自慢の体力をフル活用し、犬かきだけで8㎞泳ぎ切ろうとしますが、ここでしっかりと平泳ぎを学びます。

8㎞を泳ぐにあたって、大切なことはエネルギー補給です。エネルギー切れにならないように、**各学生はセクシーなブーメランパンツのお尻に食料品を詰め込みます**（現在はトランクスパンツのようです）。水着の中に入れるものの鉄板としては「パックのゼリー飲料」です。これは飲みやすく、飲んだ後に空気で膨らませてお尻に入れると浮力が生じ、泳ぐのが楽になります。

その他の食料品の選択肢としては、ラムネやアメなどがメジャーですが、中には食料品に独自性を出す学生がいます。**彼らは水泳帽の中に唐揚げを入れていたり、パンツの中に魚肉ソーセージを入れたりすることもあります**。

私が聞いた中で一番好きな話は、**「1.5Lのコーラ」**です。これを紐で足にくくり付けて泳いでいたそうですが、あまりのつらさにコーラを途中で投棄し、教官に烈火のごとく怒られたそうです。

そんな遠泳ですが、泳ぎきって陸に上がると足がガクガクになり、生まれたての子鹿のように上陸します。肌の色は真っ黒になり、お尻にはブーメランパンツの痕がくっきりと刻印され、浴場でも1学年であることがバレてしまいます。

嵐を呼ぶカッター競技会（2学年・4月）

防大は2学年になる試練として、新年度の4月に**カッター（短艇）競技会**があります。カッターとは大型の手漕ぎボートのことであり、気力・体力・団結力を高めるために、各中隊（全部で16チーム）がレースを行います。各国の海軍も行っている伝統のある訓練です。

カッターは別名、「奴隷船」と言われており、肉体的にハードな訓練です。よく晴れた海上で船を漕ぐと「昔の奴隷たちはこんな気持ちだったのだろうなぁ」と昔の人の苦労を偲ぶことができます。みんなで声を合わせて、海原を一心不乱に渡っていると一種のトランス状態に陥り、古の世界にトリップすることさえ可能です。

現在は分かりませんが、カッター競技会は上級生が鬼のように厳しくなり、2学年はお菓子・ジュースなどの嗜好品が禁止のうえ、外出も禁止でひたすら訓練を行うことになります。

ただ、このカッター期間を乗り越えないと、防大では「学生」として認めてもらうことができず、妥協をしたり逃げたりすると、「あいつはしょうもない奴だ」と卒業後も言われてしまう可能性さえあるため、2学年たちは鼻血が出そうな勢いで「チェスト!」と叫びながら乗り越えます。

カッター競技会を乗り越えると人権を取り戻せる。

日々カッターを漕ぐたびにお尻や手の皮が剥け、肌は赤黒く日に焼けていきます。こうした訓練を繰り返すたびに、2学年は徐々に飢えた獣のような顔になります。

カッター競技会で優勝することは「金クルー」と言われており、防大において最も名誉がある称号の一つです。そのため、このカッター期間中は、獣のような顔をした2学年が目をギラギラさせながら「金クルー以外意味がない！」と青筋を立てて語ります。そうして見事に金クルーになった中隊のメンバーは、最上の喜びに包まれ、涙し、極楽浄土に至るような気持ちになり、卒業後も同期と酒を飲むたびに「金クルーは最高だった」としつこく語るようになります。

なお16中隊中ビリだった場合は、「この中隊の2学年は不甲斐ないから、もう少し修行したほうがいい」と判断され、1学年と一緒に中隊で清掃をしていることがあります。少し可哀想ですが、これが厳しい現実でもあります。

安らぎのスキー訓練（2学年・1月）

防大では2学年時に新潟県妙高でスキーの訓練を行います。

この訓練は一般のゲレンデで行い、宿は温泉民宿が指定されることから、学生からは「スキーバカンス」と呼ばれています。一般のスキー技術を学んだ後に、自衛隊スキー（踵が浮く行軍用のスキー）を学び、技術を習得します。

このスキー訓練はほぼ「スキー旅行」であり、厳しいことも言われないので、特に問題を起こさなければ最高のひとときを得ることができます。夜は温泉に入って、美味しいものを食べ、UNOなどをして過ごします。

防大にはこの手の「バカンス訓練・研修」が稀にあり、「防大も悪くないな」と学生たちは思うのでした。

三者三様の部隊実習（3学年・7月）

防大では部隊実習を3学年の夏に行います。部隊実習では全国の部隊に配属され、実際に訓練・生活を行います。**この部隊実習については、実は配属部隊によってつら**

さがピンキリです。

まず陸上要員の研修ですが、余裕がある部隊では運用幹部が「じゃあ、史跡巡りでもしようか」と言い、観光気分で過ごすことができます。しかし、中隊検閲（部隊評価のための演習）などで余裕がない部隊では「余裕がないから小隊員として編入！」と検閲に強制参加となり、真夏の太陽の下でひたすら陣地構築[*12]を行い、**骨の髄まで歩兵の厳しさを味わうことができます。**

次に海上要員ですが、彼らは護衛艦に配属となり、艦艇で研修をします。

研修中に台風がやってくると護衛艦は出港し、沖合で過ごすことになります。港に停泊をしていると、船が岸にぶつかって損傷するからです。

台風の中の艦内は上下左右に大きく揺れますが、逃げ場はまったくなく「酔い止めを全て吐く」というぐらいの嘔吐に悶え苦しみます。**ここで海上要員は船乗りとしての洗礼を受けるのでした。**

航空要員は特にやることがないので、座学や施設研修で終わることが多く、楽勝と言われています。航空自衛隊は専門性が高い業務が多いため、陸・海のような汎用性が高い訓練が難しいようです。

私の同期の航空要員は「楽勝すぎてつらい」という名言を残し、嫌われていました。

第1空挺団（習志野）研修（3学年・10月―陸上要員）

第1空挺団は精鋭無比を誇る「パラシュート部隊」であり、**陸自の中でも猛者が勢揃いの部隊です**。そこに防大3学年の陸上要員は研修に行きます。ここでは、空挺降下の練習や体力調整運動（とてもきつい体操）などの指導を受けます。

空挺団の隊員はお茶目な人が多く、自己紹介で「好きな食べ物はお弁当のミートボール！」と叫び出し、服を脱ぐとマッチョな胸にマジックペンでドラえもんが描いてあるという感じです。これに笑うと、「お前は空挺団を舐めているのか？」とマッチョが自分の目の前にやってくるので要注意です（陸自にはこの手の不条理ギャグが多めです）。

また、高さが11ｍある「跳出塔（とびだしとう）」を使用した訓練も行います。これはパラシュートの基礎動作を学ぶ訓練施設ですが、11ｍという高さは「人間が最も恐ろしさを感じる高さ」と言われており、死ぬ恐怖を味わうことができます。
毎年、高所恐怖症の学生が号泣する珍スポットとしても有名です。

運命(さだめ)を知る断郊競技会（3学年・3月）

断郊競技会とは、3学年時に行われる競技です。大隊対抗のレースで4人1組となって、アップダウンのある観音崎〜校内のコースを走り抜けます。服装はジャージではなく、半長靴・作業服で背嚢を背負うため、疲労度が高いです。
チーム分けはタイムが近い学生を4人組にしていくため、4人の中で一番タイムが遅い学生が地獄を見ます。3人が涼しい顔で走っている中で、1人だけ失神寸前になっている姿を見ることも珍しくありません。

防大生はドSであり、ドMでもあるため、へばっている学生がいても、「根性出せよ」や「気合が足りない」と叱咤激励をする傾向が強く、「ゆっくりでもいいから頑張ろう」とは言いません。ただ、背嚢を持ったり、後ろから背中を支えてあげたりといった優しさを見せることになります。

こう書くと非常に残酷のように思えますが、本当にやばい学生は教官からドクターストップをかけられますし、死にそうになっていた学生がゴール直前になるといきなり元気になることがままあるので、気持ちの問題なのもよくあることです。要するに、**防大のスタンスとは「やばかったら止めてやるから、倒れると思うまで頑張れ」という「ますらおモード」なのです。**[*13]

いつも偉そうにしている３学年が白目を剥きながらふらふらになっている姿に、１学年はカルチャーショックを覚えながら、自分がいつかそうなることを運命として確信するのでした。

１００㎞行軍（４学年・８月―陸上要員）

１００㎞行軍は、陸上要員の４学年のみが行う訓練です。２夜３日をかけてフル装備で目的地まで歩いていきます。通常の行軍は40～50㎞であるため、１００㎞はなかなかにハードです。何も見えず、砂埃だらけの演習場をひたすら歩いていると、砂漠をさまようキャラバン隊のような気分を味わうことができます。

この１００㎞行軍は教官によって難易度が大きく変わります。担当教官が若手レンジャーで、助教もバリバリのレンジャーだった場合は、鼻息荒く「お前らを鍛えてやる！」とレンジャー仕込みのハードな強行軍を強いられます。歩くペースが早い、水の補給制限、斥候しながら３㎞もの道のりを走ることさえあります。

私は90㎞地点で、機関銃を持ちながら歩き「自分はなんて幸せなんだろう」と感じたことがあります。真夜中の田園地帯の奥に広がる街の光を見たときに、「美しいな。ずっと見ていたい」と感じたものです。これはいわゆるランナーズハイであり、私は苦痛の先にある快楽に浸っていたのです。

大学生活最後の夏を、女の子たちと線香花火をして淡い幸せを感じるのもいいですが、１００㎞行軍でしごかれて幸せを感じるのも悪くないでしょう。

防大名物の観閲式パレード（全学年・毎月）

防大では、**「観閲式パレード」**が毎月のように行われます。観閲式パレードとは、正装をして、先頭の学生に歩調や手の振りを合わせる自衛隊行事です。甲子園開会式

観閲式はとにかく長く、忍耐が求められる。

の防大バージョンと考えてください。

観閲式パレードの練習は早朝から始まり、合格点が出るまで何回も行います。

3年に1度朝霞駐屯地で行われる「中央観閲式」の際には、休日返上で訓練が行われ、学生たちは「これが無給なのか……」と疲弊します。あまりにも観閲式パレードを行うため、ディズニーランドの「エレクトリカルパレード」と学生からは揶揄されます。

パレードにはある程度のセンスが必要です。センスがある学生は「自分の歩数」や「距離」などを把握し、号令をかけることができますが、センスがないと「歩調を間違える」「距離を間違える」「進む方向が右にそれていく」などの悲劇が生まれ、「何をやっているんだ?」と笑われます。

特に先頭の指揮官は自分が中心になるため、パレードが苦手な学生は「勘弁してほしいよな……」と呟くのでした。

*12 敵から身を守るための塹壕(ざんごう)のこと。アリのように、ひたすら土を掘る。

*13 痛みや不条理に耐えることができる、生命力溢れた人間のこと。

妥協するな教との対極の存在、「アクター」

私が在籍をした防大において、**最も不名誉な呼び名が「アクター」または「俳優」でした**。アクターとは、つらいときにつらい顔をして「うわぁ！　自分はもうダメです!!」と発言し、いかに自分がつらいかをアピールする人たちです。サッカーでたとえるなら、少しのコンタクトで倒れ、「痛い痛い!!」と審判にアピールするようなイメージです。

もちろん、本当に怪我をしたときや体調不良であれば、すぐに訓練を中止する必要があります。しかし、アクターと言われる人たちはすぐに妥協をするので、長年の実績と信用により、「名俳優」としての地位に君臨してしまうのです。

こう聞くと「ひ弱でけしからん！」と思う方もいると思いますが、20歳前後ぐらいの学生なので、結局のところそんなに活躍できるわけではないのです。普通の大学生であればサボってタバコを吸い、夜には夜景を見て夢を語るのでしょうが、防大生は苦痛を乗り越えなくてはいけないのです。

私と同じ訓練班にいたKも、アカデミー賞が受賞できるほどのアクターでした。

彼は、見た目がぽっちゃりとしており、のび太くんのようなメガネをかけている鈍そうな学生でした。学科の勉強は真面目にしますし、規律違反などはしない学生でしたが、行軍などの厳しい訓練になるとすぐに倒れてしまう傾向があり、一時期は「わざと側溝を探して倒れようとしているんじゃないか」という噂が立つほどでした。

しかし、Kは長距離走が遅いわけでもなく、体力検定はクリアしているので、「気持ちの問題」というのが多くの同期や教官の見解でした。行軍などの長時間苦痛を感じる訓練をすると、彼のように自分の気持ちに負けてしまう人が出てしまうのです。

そんな演技派の彼が、見事に男になれたエピソードがありますので、こちらも紹介しておきましょう。

水は飲むな、湧き水はない

防大の陸上要員は、40㎞行軍をよく行います。これは、演習場を夕方から翌日の朝にかけてフル装備で完歩するという訓練です。

私たちの教官は訓練が始まる前に、「うちの班は水の補給はない。支給された500mLペットボトル２本と水筒の水（１L）だけで乗り切れ」と言ってきました。

他の班は、水の補給を複数回受けることができたのですが、レンジャー出身のその教官は、**「飲料に適した湧き水がそこらへんに湧いている思うか!!」と言って水の補給を認めず、「水は飲み切るなよ。仲間のためにとっておけ！」と命じました。**

そうした状況に対し、Kは「いやいや、完歩するために必要な水分量は……」と１人で語り出し、「水がなかったから倒れた」という布石を打っていました。その言葉を聞いた同期の１人が「主演・監督Kの独壇場だ！」と大騒ぎし、次々に「今年も名俳優Kの熱い夏が始まるぞ！」と囃し立てます。彼は、「俺はそんなつもりで言ったわけじゃない。つまり科学的に……」と語りましたが「大先生の講義が始まったぞ！」と同期に言われる始末。誰も彼の意見を聞きませんでした。

そうして我々の行軍は始まりましたが、やはり水分不足は深刻でした。その日は20℃前後で暑くはなかったのですが、乾燥した風が吹き、砂埃が舞っていました。雰囲気としては、夜の砂漠をさまよう民のようになる日でした。

さらに、明らかに他の班よりもペースの早い強行軍だったので、我々は次第に汗をかき、砂埃で顔が真っ黒に汚れていきました。ただ、喉が乾いたといって休憩のたびにグビグビと飲むと、おそらくは2時間でなくなってしまうぐらいの量なので、我々は水筒の蓋を使って舐めるように飲みながら行軍をすることになりました。

しかし行軍中にKの姿を見ると、明らかに水を飲むペースが早いので全身が汗まみれになり、迷彩服が深緑色に濡れていました。その姿を見て**「今年もK劇場が始まるな……」**と感じ取りました。彼は今まで一度も行軍を完歩したことがなく、いつもどこかでリタイアする情けない男だったのです。

百戦錬磨の妥協マスター・名優K

行軍訓練は30㎞を超えた辺りで厳しくなります。フルマラソンの最後10㎞がつらいように、やはり行軍も最後がつらいのです。水を飲み切ってしまった学生が何名か現れるようになり、「水をくれ……」と言ってゾンビのように歩いていました。人間は食事を我慢できても、水を我慢することはできません。水が欲しくて欲しくてたまらなくなります。

Ｋを見ると、**「俺はもう限界だから早く回収してください」と言わんばかりの演技をしていました**。足を引きずってみたり、ふらふらしてみたり、意識朦朧な感じを出したりと、名俳優ぶりが炸裂し、彼主演の映画が始まっていたのです。

しかし、今年は教官・助教がレンジャーなので彼らはお見通しです。他の教官であれば「まだ学生だし、怪我人を出したくないから……」と言って彼のような学生を車両に乗せることでしょう。しかし、肉体・精神の限界を知り尽くしたレンジャー教官からしてみれば、「まだまだ余裕。気持ちの問題」ぐらいにしか思わないのです。

しかし**Ｋも百戦錬磨の妥協マスターなので、わざと倒れようとしたり、意識朦朧な風を装ったりします**。

そうした姿を見た助教が、「おい、お前ら！　Ｋが死にそうになってても水をやらないのか！」と私たちに言ったのです。

正直、彼のようなヘタレに水をあげるのは惜しいのですが、脊髄反射で「同期の団結！」と絶叫する防大生は同期を見捨てることはできません。次々に彼の近くに学生が集まり、「ほら、水飲め」と飲ませます。さらに、「飴食え」「チョコ食え」「カリカリ梅食え」とみんなで隠し持っていたお菓子を口の中にどんどんほうり込み、Kの口の中を「酸っぱ甘い」状態にさせ、HPを回復させたのです。

そして、みんなで「ここで倒れたら情けないぞ」や「あだ名がカリカリ梅になるから歩け」と次々に言い、とりあえずKを歩かせることにしました。彼が竹藪に突っ込みそうになったときは、リュックを掴んで止め正しい誘導をし、側溝を見つければ中央を歩かせました（私は歩きながら居眠りし、カーブを曲がれずに竹藪に突っ込みました）。

こうして我々は牛飼いのように彼をゴール地点まで連れていき、Kは初の行軍完歩となりました。ゴール後も露骨に意識朦朧な感じを出すので、みんなで「もう演技すんなよ！」と言うと、彼は「俺にはもうそんな気力ないよ……」と呟いてその場に座り込み、真っ白に燃え尽きていました。

その後、教官は我々に「その場で待機をしてろ」と言い、500mLのコーラが入った大きなクーラーボックスを持ってきて「お前らに弾薬補給があるぞ、1人1本を取れ」と言い、ご褒美をくれたのです。**これが陸上自衛隊名物のアメとムチであり、訓練終了後のご褒美でみなの心を掴むのです**。

それを見たKは、死にそうだったのに急に立ち上がり、「待てのできない駄犬」のような動きをし、コーラを握りしめて誰よりも先に飲みました。それを見た教官は思わず苦笑い。私はそれから防大を卒業するまで、コーラを飲むたびに**「死んだKも走る味」**と呟くようになり、今もコーラを見ると彼の顔が浮かびます。

この情けないKのその後ですが、行軍を初めて完歩できたことに自信を持ち、次回の訓練から特に妥協することなく、最後まで歩けるようになりました。

同期の団結は偉大ですね。

COLUMN 4　防大生活の4シーズン

「春は生き残れ」

防大の春は厳しいイベントが多く、下級生にとっては生き残りをかけたシーズンです。４月には右も左も分からない新入生が右往左往し、２学年はカッター競技会で死力を尽くします。下級生にとっては精神的・体力的にも厳しいシーズンであり、「桜を見ると憂鬱になる」と語る人さえいます。

カッター競技会が終わるまでは、２学年は１学年の味方で優しいですが、カッター競技会が終了すると、２学年が「１学年の指導役」になります。

５月のゴールデンウィークが終わると、優しかった２学年が「最大の敵」として襲いかかり、１学年は戦々恐々とします。５月のゴールデンウィーク終了から、６月の終わりにかけては祝日がありません。さらに蒸し暑い梅雨の時期に突入するため、作業服は常に汗だく、洗濯物は乾かないなどの悪夢が続き、教場は学生たちの熱と水分で「もわぁ……」とした嫌な空気が立ち込める、極めて憂鬱なシーズンです。

厳しい生活に退校する1学年が後を絶たず、「あいつは小原台を去ったよ」という会話があちらこちらで繰り広げられ、1学年は「自分も辞めようかな……」という気持ちと闘いながら、そっと夏を待ちます。

「夏は訓練とバカンス」

憂鬱な6月が終わり、夏が訪れると防大は訓練期間となります。

訓練期間中は講義がなく、朝から晩まで自衛官として必要な訓練を行います。2学年以上は各基地・駐屯地に赴き、訓練を受けます。陸上要員は演習場、海上要員は艦艇実習、航空要員は飛行場がある基地などに行きます。

訓練期間中は「航空要員が最も楽」と言われており、「航空要員は楽勝でいいよな」と陸上・海上要員から羨ましがられます。

1学年は校内で訓練を行うため、校内は1学年だけになる時があります。いつも上級生の圧政に苦しんでいる1学年が、我が物顔で校内を歩ける数少ない瞬間であり、この時期は**「ホテル小原台」**と呼ばれるプレミアムシーズンになります。「乾燥機を使えない」「シャワーを使えない」などの日常の制限がなくなり、廊下をゆっくりと歩ける悦びに心が震えます。辞めよう辞めようと考えていた1学年も、ホテル小原台を経験することで「もうちょっと頑張ろう」と思えるようになるのです。

訓練期間が終わる頃には、1学年は生活に慣れてたくましくなるので、上級生からも「ようやく防大生らしくなった」と少しは認められるようになります。8月は夏季休暇となり、一瞬の夏のバカンスを学生たちは味わいます。

「秋は教養と文化」

夏季休暇を終え、9月になると前期定期試験が行われるため、防大は勉強ムード一色になります。試験期間中は「勉学に集中するため」と上級生も優しくなり、学生舎のムードも穏やかになります。各学年の「ブレイン」と呼ばれる学生が予想問題集を作成し、学生たちはせっせと勉強会を開きます。「大学っぽいな」と思える数少ない瞬間です。

10月になると、1学年は北富士演習場での1週間の集中訓練に行きます。この訓練は野営の基本を学ぶ訓練ですが、飯盒炊爨（はんごうすいさん）やコンパスの使い方などがメインであり、ボーイスカウトのキャンプみたいなもので楽しく過ごせます。

10月後半になると一大イベントである棒倒しや開校記念祭の準備が始まり、お祭りのような雰囲気になります（棒倒しについては次の章で詳しく説明します）。

また、**「100日祭」**というイベントもあります。これは4学年が卒業式まで「あと100日」という節目で行う行事で、ひたすら4学年をいじるパーティーです。下級生からアンケートをとり、「瞬間湯沸かし器だと思う4学年ランキング」などを発表し、防大生特有のブラックユーモアが炸裂します。

この時期になると1学年も「防大は面白いところだな」と思うようになり、帰属意識が高まります。

「冬は安らぎ」

12月はさしたるイベントがなく、**冬季休暇モードです**。年が明けると「もう1年も終わりだなぁ」という雰囲気が漂います。この頃には、1学年も「そろそろ2学年になれる」というワクワクで胸がいっぱいになります。

ただ、2月には進級がかかった期末試験があるため、勉強に自信がない学生は「このままじゃ、留年するかも……」とどんどん顔が青ざめていきます。

また、4学年は卒業研究・論文に大忙しとなり、研究成果が情けないと発表会で大炎上するため、顔に焦りが出てきます。この卒業論文の出来がとてもよい理系の学生は、卒業後に研究者としての道を歩むことがあり、幹部任官後に大学院の博士課程などに進学するケースがあります（海外の大学院に進学するパターンもあります）。

3月になると、「1日中やることがない」というゴールデンな日々が訪れます。朝起きて、食事をして、朝礼が終わるとやることがなく、ずっと自習となります。

これを「青色期間」と言い、学生の心が休まるひとときになります。仲のよい同期や後輩と、ランニングやトランプなどをしつつ過ごします。

4学年は、防大卒業後に配属される「幹部候補生学校」のことを想像しつつ、期待と不安で胸がいっぱいになりながら防大を旅立つ準備をし、在校生たちは4月に備えて準備と気合を入れ直すのでした。

第4章
防大最大の合戦、棒倒し

「棒倒し」は防大生活における一大イベント

学生生活における最大のビッグイベントは、ズバリ「棒倒し」です。

棒倒しとは、シンプルに言えば、相手チームの棒を先に倒したほうが勝ちになる競技です。棒倒しは学校の運動会などで行われることが多く、経験した方も多いと思います。

しかし、**防大の棒倒しはスポーツではなく、ただの合戦です。**

日頃から身体を鍛え、健康でパワーのあり余っている血気盛んな若者たちが「キェエエー」と棒に突撃し、防御側は「ウラァ！」と自動車を吹っ飛ばすハルクのように敵を撃退します。とにかく攻防が激しいため、うかうかしているとマッチョの洗濯機で揉みくちゃになり、意識がブラックアウトします。

もちろん、安全のため殴る蹴るの暴力は禁止されていますが、乱闘状態も偶発的

生半可な気持ちで参加をすると危険な棒倒し。

に発生することが多いです。**「跳び蹴りではなく、跳んだ勢いで脚が強く当たっただけ」「腕を振り回したら、相手の顔面に当たった」などの不幸な事故も多発するため、棒倒しで気を抜くと死ぬと言われています。**しかし、学生はアドレナリン全開なので、感じるのは興奮だけです。

そんな棒倒しの知られざる世界を、皆様に解説していきましょう。

栄光を得るための棒倒し訓練

棒倒しは4個大隊（1~4大隊）の学生舎ごとにチームが分けられ、毎年11月に行われる開校記念祭にて「1発勝負のトーナメント方式」で競技が行われます（開校記念祭とは学園祭のようなもの。一般の方も来校可能です）。

棒倒しで優勝すると、「棒倒し優勝大隊」といった看板とトロフィーがもらえ、「俺たちが優勝した！」と凱旋パレードをしながら校内を練り歩くことができます。**防大において棒倒しで優勝することは、ワールドグランプリ優勝に匹敵する価値があり、優勝した大隊の学生は、他大隊への優越感からご飯も1.2倍ぐらい美味しく感じられます。**

また、指導官から恩恵として「就寝点呼（寝ながら点呼を受けられる）」「自習時間中にお菓子パーティーを1回だけ行ってもいい」を受けられます。さらに「制限されている外泊の回数が1回増える」などの嬉しいサプライズや、「上級生が少し優しくなる」という環境面での恩恵があります。

まるで中南米にある刑務所の受刑者が享受するようなメリットですが、防大は娯楽があまりにも少ないため、このような恩恵を考えるだけで学生の頭は快楽物質で痺れ、パブロフの犬のようにヨダレを垂らし、夢心地になってしまいます。

つまり、棒倒しで優勝することは、防大生活における「富・名誉・名声」の全てを

手に入れることになるのです。そのため、例年、「棒倒し総長に俺はなる！」や「棒倒しのためなら死ねる！」と語る「棒倒しに魅せられた学生」が誕生し、各大隊は栄光のグランドラインに向けて出港します。

棒倒しの訓練は10月より始まり、各大隊が栄光に向けて走り出します。訓練期間中は朝の点呼後（0605〜）と課業終了後（1600〜）に各大隊がトレーニングを行います。それでは訓練内容について解説をしましょう。

朝から絶叫、早朝訓練

起床のラッパが鳴った後に布団を畳み、棒倒しの訓練用の服装に着替え、ダッシュで5分以内に隊舎の前に集合し、点呼を行います。点呼終了後に棒倒し総長に選ばれた代表学生が朝礼台に上がり、**「おはよぉぉ!! うぉー！ お前ら元気か！ 棒倒し訓練行くぞー！」と絶叫します**。起床してすぐに誰かの絶叫を聞くため、防大は低血圧な人間は生きていけない世界だと改めて実感します。

その後に整列をし、学生たちはグラウンドに訓練に出かけます。グラウンドに行くときはドラム缶太鼓を叩きながら「ソイヤ！　ソイヤッ！」「セイヤ！　セイヤ！」「ウッシャー！」などと声出しをしながら、腕を振り上げて進みます。ここで「防大ではなくて、○○大学に進んでいたら今頃は恋人と……」などとは決して思ってはいけません。もう手遅れです。

グラウンドに行くとタックルや受け身の練習、跳び馬などをします。10月になると気温が下がり、寝起きなので身体はガチガチです。秋風に身体はこわばり、寝起きの身体に受け身は痛く、グラウンドの草たちがチクチクと身体を攻撃してきます。

学生のテンションが下がると、棒倒し総長の学生が「お前ら気合を入れろー！」などと大声を出し、活を入れます。**雰囲気としては、「いくさ」が始まる前に、足軽になる農民が武士から訓練を受けている感じです。**

1学年は、ここで死ぬ気で頑張ると「あいつは気合が入っている！」と上級生から認められ、だるそうな姿を見せると上級生から温かいご指導が待っているため、必死に頑張ります。4学年ともなると、「寝技の練習をしているふりをして居眠りする」「1学年を指導して自分はやらない」などの技を駆使して体力を回復させます。

正直なところ、早朝訓練は大したことをしないので効果のほどは分かりませんが、**最大の恩恵として「訓練でお腹が空くので朝ご飯が少し美味しくなる」とお伝えしておきましょう。**

模擬戦ありの夕方訓練

課業終了後（1600〜）の訓練は朝よりも強烈で力強く、ダイナミックです。

夕方の訓練は日中の講義が終わった後、学生舎にいると1600過ぎに**「棒倒し訓練！集合！」**と暑苦しい放送のアナウンスがかかり、それとともにテーマソングが流れて集合となります。このテーマソングは、サバイバーの「アイ・オブ・ザ・タイガー（ロッキーの主題歌）」や、アントニオ猪木の入場曲などのアップテンポで熱い曲が選ばれることが多く、防大生を戦へ駆り立てます。

集合の合図とテーマソングで、学生たちは「うぉー!!」などと叫びながら隊舎の前に集合をし、朝の訓練と同様に整列します。そして棒倒し総長の学生が朝礼台に上がり、「お前らー!!　気合入ってるか!!」と絶叫し、「うぉー！」と学生たちが返します。

その後グラウンドに向かい、模擬戦を行います。

模擬戦は大隊ごとに防御と攻撃に分かれ、本番同様に2分間計測します。

2分以内に棒を倒すと攻撃側の勝利、2分間倒れないと防御側の勝利となります。

この取っ組み合いを1日2～3回ほど行います。**模擬戦といえども「真剣（ガチ）でやらなければ意味がない」という意向が強いため、攻撃と防御のガチンコ勝負となります。**

12時ドンで突撃だ

ちなみに、棒倒しにはいくつかの作戦があります。開始と同時に正面から突撃していくだけではなく、時間差で攻撃を仕掛ける作戦、本隊とは別で少数精鋭で突撃する作戦や、小出しに突撃していく作戦などもあります。

こう聞くといかにも作戦っぽく、効果があるように思えます。ただ実際には効果があるのかというと微妙です。「策士策に溺れる」という言葉がある通り、あまり変な策を考えすぎると、勢いがなくなります。相手の棒の周りをぐるぐると回って相手を翻弄する作戦などは、相手の棒を倒せずに負けてしまうことがほとんどであり、愚策とも言えます。

こうした作戦とは対照的に、**「12時ドン」**という戦術があります。これは変な小細工をせずに、そのまま真正面（12時方向）に突撃していきます。12時ドンは学生のエネルギーをフルパワーでぶつけることができるので、うまく決まると10秒ぐらいで相手の棒を倒せます。ノリと勢いしかない作戦ですが、**防大生の持ち味を最も生かせる戦術**と言えるでしょう。

なお棒倒し訓練の際は、頭にはヘッドギア、上着はシャツ、ズボンは廃棄前のボロボロの作業服が支給されます。シャツには首元にハサミなどで切れ目を入れ、シャツを引っ張られても服が破れることによって首が締まらないように工夫をします。

そうした理由から、訓練が終了したときに「強敵のエネルギー弾を耐えた孫悟空」のように衣服がボロボロの布切れになっている学生が必ず発生し、**「なぜか裸の奴がいる」**という珍現象が生まれるのも、防大ならではでしょう。

棒倒し参加は防大生の義務

怪我人続出の棒倒し

棒倒しを行うと必ず出てくるのが怪我人です。もちろん、学校側としては「怪我人を出さないように」と配慮をしていますが、血気盛んな若者が全力で揉みくちゃになっていると必ず怪我人が出ます。

怪我をしないコツは、「怪我をしないようにやる」しかありません。訓練の段階でフルパワーを出しすぎると、怪我の確率がかなり高まるからです。

私が知っている先輩は「お前らは気合が入ってないから怪我をするんだ!! 死ぬ気でやれば大丈夫!!」と活を入れていましたが、その日の練習で、当の本人が靭帯断裂によりタンカで救急車に運ばれていく姿を私は見ました（死ぬ気でやると本当に死んでしまうのが棒倒しなのです）。

このように、各大隊の訓練で運動神経抜群のエース級が抜けていくため、**本番時には戦力が落ちていることは珍しくありません**。怪我人が増えると予備人員を投入して使うしかなく、その学生も怪我をすると予備の予備を投入することになり、人員不足の状態に陥ります。

このシーズンに食堂に行くと、腕に包帯を巻いていたり、松葉杖をついていたりする学生の姿が急増します。医務室も受診者で溢れ、ちょっとした野戦病院のようになります。さらに、今後の学生生活に影響するような大怪我をしてしまうと訓練や学業に支障が出るので、「棒倒しの怪我で留年」することも普通にあります。

あまりに怪我人が出るので、**「これ訓練しないほうが、人的消耗なくて強い気がする」**と私は毎年思っていました。優勝することと同じぐらい「怪我をせずに終わる」ことが大切とも言えるでしょう。

なお、私は同期といかに怪我をしないかを研究した結果、「3回に1回ぐらいしか真剣にやらない」と「死ぬ気ではやらない」という結論に達しました。

棒倒しは防大生の義務であるため、「やりません」と言うことはできません。「よっしゃ！　今年は絶対優勝！」などと口では言いますが、内心では「棒倒しは勝ち負けより、怪我せずに終わることに意義がある」と心の中で思っている学生たちも一定数いることを、読者の皆様にお伝えしておきましょう。

棒倒しの本番、そして来年へ

棒倒しは、防大の開校記念祭が本番になります。開校記念祭は2日間にわたって行われ、この2日間は誰でも来校可能です。棒倒しは例年2日目に行われるので、興味がある方は来校するといいでしょう。

近年はマスコミが「棒倒しにかける青春～防衛大学校～」などのタイトルでドキュメンタリー特集をし、横須賀市も「防大の棒倒しはすごい！」とあちらこちらに宣伝するため、観客も怒涛のごとく押し寄せ、防大は連休中のサンリオピューロランドのような混雑具合になります。

来校者の中には熱心な棒倒しフリークのおじさんたちも混じっており、食べログのラーメンマニアのように謎のノートにメモをしつつ、各大隊の評価や解説をし、学生たちの勇姿を見届けます。

いつもは閉鎖的で殺風景な学生生活ですが、この期間だけはお祭り騒ぎを見せ、苦味・辛味・酸味だらけの学生生活に、旨味・甘味が加わります。学生たちにとってひとときの安らぎが訪れるのが開校記念祭なのです（その余韻はすぐに終わりを告げますが……）。

棒倒し本番になると、嫌々練習をしていた学生たちも「観客たちにいいところを見せたい！」とドーパミンが溢れ出て、棒がいつもより硬くなります（いやらしいことではありません）。練習時に手を抜いてすぐに逃げていた学生たちが、本番になると**「死んでも棒を倒さない！」と決意を固めるので棒が倒れにくくなるからです。**

よく漫画の主人公などが「どうなってもいい。これが最後だから」と語るように、彼らもフルパワーで棒を支えます。こうなるとなかなか倒れずに、攻撃側もスタミナがなくなり、泥試合で延々と棒倒しをすることになります。

この泥試合こそ、実は棒倒しの最大の醍醐味であり、応援ポイントでもあります。相手チームの棒が倒れるのを祈りつつ、こちらの棒が倒れないことを祈る。これがハラハラし、観客たちを魅了します。

ここで棒が倒れると拍手喝采となり、会場に一体感が生まれます。応援側を見ると誰かの彼女らしき女の子が号泣をし、明らかにOBっぽい人たちが騒いでいます。

一方で、10秒ほどで勝敗が決まってしまう試合もあります。これは前述した12時ドンが決まり、あっという間に棒が倒れてしまうことが要因です。

私が学生のときに10秒で負けた際は、「もうちょっと耐えろよ！」と攻撃側が怒りましたが、防御側も「5秒で倒してこいよ！」と怒りながら返していました。もうめちゃくちゃですが、これが防大生です。

こうして優勝した大隊は**「来年も絶対に優勝するぞ！」**と決意を新たにし、負けてしまった大隊は涙を流して**「来年は絶対に優勝する！」**と雪辱を誓います。

ただ次回の棒倒しは来年になるので、また振り出しに戻るのでした。

COLUMN 5 棒倒しのポジション

棒倒しには攻撃・防御ともにポジションがあります。棒倒しでは自分のポジションで天寿を全うすることが、極楽浄土に行ける唯一の道だと言われています。ここで攻撃・防御の各ポジションについて紹介しましょう。

攻撃側ポジション

攻撃はその名の通り、相手の棒を倒すポジションです。攻撃は防御よりも「運動神経がよいオラオラ学生」が集められる傾向があり、彼らは血気盛んに戦います。戦っているふりをする足軽タイプはあまりおらず、学生生活を満喫していそうなメンバーで固められています。

それでは、攻撃側の各ポジションについて解説をしましょう。

・**特攻**

棒倒しの花形ポジション。敵の棒に勢いよく飛びかかり、敵の棒を倒すのが任務です。運動神経のよい細身の学生が選ばれることが多く、**棒大好き学生**も多いのが特徴。勝負の雌雄を決するのはまさに彼らであり、自分が棒を倒して優勝をしたら、一生の思い出になることは間違いないでしょう。ただ負傷率も高いので、練習で骨折して本番欠場者も多いです。

・**遊撃**

特攻やスクラムを阻止しようとやってくる、敵の防御を抑えるポジション。**柔道部やレスリング部などの体術が強い学生が選ばれやすいです**。遊撃は危険分子の学生が多いので場外乱闘に発展しやすく、からまれると危険です。防御のポジションになったら、彼らが来ないことを祈りましょう。

・**スクラム**

名前の通り、スクラムを組んで相手陣地の棒に突っ込むポジション。このスクラムをステップにして、味方の特攻が棒を目掛けて突撃します。**攻撃にしては、**

唯一地味なポジションであり、ひたすらスクラムが崩れないように頑張ります。

防御側ポジション

防御は、攻撃よりも地味で痛いポジションが多いです。花形である「サル」には戦闘力高めの学生が集まりますが、防御は基本的に**「運動神経がない人たち」**が集まりやすいです。防大は全員オラオラ系の体育会系に見えますが、実は暗めのオタク系学生もいるのです。彼らは防大の棒の周りに生えるドクダミ草として、揉みくちゃになる運命を背負っています。

それでは、防御側のポジションについて解説をしましょう。

・サル

棒の上に乗るポジション。まさに棒倒しにおける最高のポジションであり、大隊の華です。小柄で運動神経がよく、負けん気の強い学生が乗ります。このポジションで勝てば、最高の勇者として称えられます。しかし開始30秒で引きずり下ろされると、「戦犯」になりやすい悲しいポジションでもあります。まさに高校

野球のエース的なポジションです。

・棒持ち

棒を支えるポジション。ただの奴隷であり、苦痛しか味わうことのできないマゾ向けのポジションとも言えます。倒れそうな棒を、圧死しそうになりながらひたすら支える彼らは、写真にも写らない美しさがあるドブネズミです。運動神経はないですが忠誠心の高そうな学生が集められ、**棒とともに沈没する運命を共にします。**上級生は「死ぬ気で支えろ！」と言いますが、死ぬ気で支えると死ぬので注意が必要でしょう。

・上乗り

棒を支える棒持ちの上に立って、敵の特攻を阻止するポジション。グラグラする足場に残り続けるのが大きなカギであり、特攻を邪魔すればするほど勝利に近づきます。敵の遊撃がやってきて引きずり下ろされることもあるので、このポジションも負けん気がある学生がやります。ただ、引きずり下ろされると洗濯機のように揉みくちゃにされるので、まるで**「政権崩壊しそうな独裁国家の官僚のよ**

うなポジション」とも言えるでしょう。

・サークル

棒の周りを取り囲み、敵の攻撃を阻止します。ダムの壁のような存在であり、彼らが崩壊すると棒がすぐに倒れます。攻撃側の学生に踏まれることが多く、顔面を踏まれて悶絶しているサークルの学生をよく見かけます。

棒倒しのポジションについては、大きく分けると以上になります。どのポジションになるかで棒倒しの楽しみ方は変わります。もし哀れな棒持ちになったら、自分の運命を呪いましょう。

第5章 楽しい防大生活

学生生活の難易度を左右する校友会活動

防大には校友会と呼ばれる部活動があり、平日の講義終了後（1600〜1800）は練習の時間になっています。校友会には硬式野球、サッカー、バスケットボール、ラグビー、柔道、空手道など馴染みがあるスポーツや武道がある一方で、銃剣道、儀仗隊（ぎじょうたい）、*14 短艇委員会など防大ならではと言える活動があります。

学生は体育会系の校友会への加入が必須のため、新入生は入校時に自分がやりたい校友会活動の扉を叩くことになります。

厳しい校友会とゆるい校友会

ただ、**校友会の選択によっては、ただでさえ時間がない学生生活がさらに忙しくなり、ハードモードを超えた、エクストリームモードになることがあります。**理由は

「厳しい校友会」と「ゆるい校友会」の差がかなりあるからです。

厳しい校友会を選択すると、「部活のミーティングだらけ」「土日もフルで練習」「夏季休暇も練習」「山盛りメシを３杯食べることがノルマ」「練習をサボると処刑」などの制約からほぼ休みがなくなり、身体も生傷が絶えなくなります。

一方で、ゆるい校友会を選択すると、「土日は休み」「夏季休暇もほぼ練習なし」「上級生とワイワイできる」「練習を休み放題」などの特典があり、ほぼサークル活動みたいになります。

ただ、防大には**「校友会ヒエラルキー」**が存在しており、厳しい校友会の学生は「ストイックだ！」と尊敬され、ゆるい校友会の学生は「楽勝している」と言われてバカにされるので要注意です。

厳しい校友会の代表格としては、ラグビー、アメフト、短艇委員会、空手道、少林寺拳法などがあります。特にラグビー部は部員が最も多く、防大の一大派閥であり、卒業後もＯＢ間で強いつながりがあります。

ゆるい校友会については紹介しませんので、興味がある方は防大HPを覗いてみる、または防大OBに聞いてみるといいでしょう（マシンガントークが炸裂すると思います）。

校友会のトップに君臨する「應援團リーダー部」

しかし、防大には唯一無二であり、キング・オブ・キングスと呼ばれる校友会が存在します。それが**「應援團リーダー部」**です。應援團リーダー部はいわゆる「応援団」のことであり、校友会の試合における応援や卒業式などの式典で彼らは活躍します。防大では通称・援團（エンダン）と言われて親しまれています。

この應援團リーダー部には、**「仲間を応援する自分たちは、仲間よりも苦しい経験をしていなければならない」**というポリシーがあり、「つらければつらいほど強くなる」という昭和のジャンプ漫画のような雰囲気さえ感じます。

彼らは校友会の時間になると、黒いスウェットに着替え、必死な形相で部室に飛び込んでいきます。そして、練習の時間には太鼓の音に合わせて「えぇぇぇ！」と1～

2時間ひたすらエールの練習や、アスファルトの上で握りこぶしの腕立て伏せなどをしています。彼らの修行僧のような鍛錬は、防大生から見ても「うわぁ……」と少し引きます。

応援團リーダー部は一種の聖域

また、応援團には謎の制約が多く、1学年は4学年の団長と直接話をしてはならない、団員同士の挨拶は敬礼ではなく「オス！」と言うなどのルールがあり、ただでさえ厳しい防大生活にさらなる制約が追加されます。

ただ、**日々の厳しい訓練から生み出されるキレのある演舞、瞬きもせずに拍手し続ける団員、全力で繰り出される謎のギャグ**など、応援團リーダー部は学生の間でもファンが多く、一種のアイドルグループのような存在です。

防大には、「応援團の真似をしてはいけない」という鉄の掟があります。応援團の真似をすることは彼らに対する侮辱であり、ふざけて応援團のモノマネをすると、噂を聞きつけた4学年の団長がやってきて激怒されるので気をつけましょう。

厳しい應援團リーダー部に入部する学生には、大きく分けて2つのパターンがありました。**「應援團リーダー部に憧れて入部をする学生」**と**「上級生に説得されて入部する学生」**です。知っていながら自ら入部をする「漢の中の漢を目指したい」(この「漢」には女性も含みます)という新入生もいますが、何も知らない新入生を「漢の中の漢にしたい」という理由で説得する上級生もいました。

そして、私の先輩のOさんもそんな上級生の一人でした。

先輩Oさんと新入生Tくん

Oさんは一つ期別が上の先輩で、私が3学年のときの4学年でした。Oさんは身長180㎝を超えているうえに、筋骨隆々でラグビー部に所属していた方で、見た目は眼光の鋭いゴリラという感じでしたが、ユーモアと優しさがあり学科成績もよい優秀な学生でした。

彼の口癖は、**「やっぱり防大に入った以上は漢の中の漢にならなくちゃな」**であり、1学年や2学年を捕まえては、「お前の渾身の一発ギャグを見せてくれ」という無茶ぶりをする人でした（その行動を見るたびに私は3学年でよかったと思いました）。

そんな4月のある日、Oさんから「Tという新入生を知っているか？」と言われました。「知っていますよ。ひょろっとした奴ですよね」と答えたのですが、実際Tくんは気弱で痩せており、貴重品ロッカーなどを開放していることも多い少し抜けている新入生でした。部活経験もほとんどないので、入校当初から周囲に「あれでは防大生活についていけないだろう」と言われている学生でした。

しかし、Oさんは、「彼を應援團リーダー部に入部させよう。ストロングにしよう」と目をキラキラさせながら言ったのです。私は「無理だと思いますよ」と言いましたが、彼は「いや、絶対に入部させたい」と言って折れませんでした。そうして彼は、**ラグビー部なのに「應援團リーダー部にTくんを入部させる」という謎の使命を背負ったのです。**

それから、Oさんは来る日も来る日もTくんの部屋に行き、「強い精神力はひ弱な肉体を凌駕する」「應援團リーダー部は全学生の憧れ」「誰よりもすごい学生になれる」

と熱く語るようになりました。
ただ、Tくんは見知らぬラグビー部の上級生が来て、応援團リーダー部の勧誘をすることに違和感を覚え、「そうですか……検討しておきます」と返していたようです。

Tを應援團リーダー部に入部させる会

ここまで来ると、「やりすぎではないか」と私や周囲の学生も思いましたが、Oさんは真剣な顔をして言いました。「俺も最初は面白半分だったけど、最近では心の底からTが應援團リーダー部に入部したほうがいいと思ってきた。あの感じだと防大生活を乗り越えるのはおそらく厳しい。だからこそ、應援團リーダー部に入部させて、漢の中の漢を目指したほうがいいと思うんだ。あいつが輝ける場所は、應援團リーダー部だ」と。

正直、無茶苦茶な理論ですが、彼は真面目な顔で語り、心の底からTくんの應援團への入部を望んでいるようでした。すると、周囲の学生も「Tが應援團リーダー部で活躍している姿を見たい」「最も應援團リーダー部に入部すべき男」「ストーリーとしては最高」と考え、**「Tを應援團リーダー部に入部させる会」が発足しました。**

もちろん本人に強制はできないので、彼らは繰り返し應援團リーダー部の素晴らしさを語りました。「あの恰好よさこそ、防大生としての誇り」「俺も人生がもう一度あれば應援團リーダー部に入りたい」「世の中には2種類の人間がいる。應援團リーダー部かそれ以外だ」と二元論を語る学生まで現れました。

ここまで来ると、Tくん自身も段々とその気になったようで、「應援團リーダー部に入部したいです」と真面目に語るようになり、**Oさん自ら應援團のもとに彼を連れていき、「漢の中の漢にしてくれ」と団長に伝えました（自分はラグビー部なのに）。**

Tくんはその後、應援團リーダー部に入部し、練習着である黒いスウェットを着用して「ゞえぇ〜ゞえぇ〜」と汗だくになり、昇天しそうな感じでエールの練習をする姿を校内で見かけるようになりました。ひ弱な彼の應援團リーダー部への入部は刺激的な出来事であり、入部の経緯を知らない学生から見ると「えっ！　あいつが應援團！なぜ!?」という反応でした。

その後、彼は應援團リーダー部で修行を重ね、式典などで登場するたびに「あの情けなかったTがあんなに立派になって……」と同じ中隊の上級生を感動させるようになりました。

最終的に、**Tくんは4年間應援團リーダー部をやり抜き、後に「あそこでOさんに騙されてよかった」と周囲に語るようになります。**

應援團リーダー部はますらおのための修行

最後に余談にはなりますが、私が学生時代に部隊で出会った幹部の方が應援團リーダー部の元団長でした。その方が「まだ應援團はあるの?」と私に聞き「まだありますす」と答えたところ、その方は「まだあるのか。あれはやべー部活だよな……」とボソリと呟きました。

思い出は往々にして美化されるものですが、**なかなか美化されない應援團リーダー部は、やはりますらおのための修行と言えるでしょう。**

*14 式典などに登場するファンシードリル隊。一糸乱れぬ動きをする。

防大生の休日

時代遅れの防大生、年配の方には大人気

防大生はテレビを見る機会がほとんどなく、情報源は新聞か雑誌、ネットになります。夏季休暇などに帰省して久しぶりにテレビを見ると、「このアイドルグループはなんだ？」「このお笑い芸人は誰？」と**浦島太郎状態**になります。

また、最近のメディアは「流行り廃り」のピッチが速いため、「ようやく覚えたと思ったらテレビからいなくなっていた」というケースさえあります。

このように、若者の間で流行っているドラマなどの話題にまったくついていけないため、一般大学に通う同級生の価値観にもついていけません。

例を挙げると……

- **若者に人気の髪型が分からない**
- **流行している音楽が分からない**
- **イケている服装が分からない**
- **人気の食べ物が分からない**
- **バイトの大変さが分からない**
- **若者に人気のホットスポットが分からない**

……といった感じです。

一般大生に流行りのギャグをやられても、「何それ?」と頭に「?」が浮かび、「それのどこが面白いの?」とツッコミを入れたくなります。一方で、一般大の同級生に防大での生活を語ると、「何それ?」とまったく理解してもらえず、自衛隊のことを話しても「ふ〜ん」となるため、一般社会とどんどんギャップが広がっていくことに気がつきます。**防大生のメンタリティは「大学生」というよりも「自衛官」に近く、ここでも娑婆の世界との断絶を感じるようになります。**

ただ、防大の話は同年代にはまったく受けませんが、年配の方には大いに受けます。日頃の訓練や生活を話すだけで、「立派な人間だ！」「素晴らしい！」「国家の宝だ！」とベタ褒めされるため、悪い気はしません。

若者にはモテないが年配の方にはモテるのが防大生であり、若者としては少し寂しい気がします。しかし、大学生が好きなポップカルチャーは、数年もすれば忘れ去られてしまうような内容ですので、今にして思えばそんなに悩む必要もなかったなと思います。

1学年は休日も休まらない……

防大生は、原則として平日に外出できず、外出できるのは週末の土日だけです。

規則が多くストレスフルな生活をしている防大生は、「外出」と聞くと「さんぽ」と言われた犬のように飛び跳ね、しっぽをちぎれんばかりに振って喜びを表現します。しかし、その休日も訓練や校友会の練習や試合で潰れることが多く、数週間にわたってまったく休みがないことも珍しくありません。

基本的に防大生活は「休みがあればラッキー」という感覚であり、卒業後のほうがしっかり休めるという意見さえあります。

さらに、**１学年のときは外出時の制服着用が義務であり、外泊も許可されません**。制服着用のときは、「電車の椅子に座らない」などのルールがあり、外出時も常に周りの視線があるので、気が休まることが正直ありません（防大の制服で駅を歩くと駅員と間違えられることが多いです）。また、１学年は成人していても「酒・タバコ」は厳禁です。ネットカフェやスーパー銭湯なども、制服や身分証を紛失する可能性があるため、基本的にはＮＧとされています。

こうなると、**１学年は「食べること」に全力を尽くすようになります**。ケンタッキーを食べた後に家系ラーメンを食べ、その後にパンケーキを食べて、お土産に焼き鳥を買って食べる、といった乱れた食生活で快楽を得るぐらいしかできません。

特に厳しい訓練や行事の前の休日には、「最後の晩餐」が寿司屋や焼肉屋で開かれ、暗い顔をして食事をしている１学年の姿を見ることができます。

ちなみに、こっそり私服を着用しているところがバレると、**「服務規律違反」**で同期全員が外出禁止になり、上級生からも濃厚なご指導をいただきます。ここならバレないだろうと思っていても、上級生は私服の1学年を見つけるのが得意なため、渋谷や新宿のホームで御用となるのです。

そのうえ、**雑用の多い1学年は休日でさえ休めないことも多いです**。清掃点検の前は1日中清掃で潰れ、日曜日の夜には「理想の学生になるためには」や「来週の目標決定」などの不毛なミーティングが行われるため、1900前には防大に帰る必要があります。

特に用事がなくても、1学年には「しつけ点呼」と呼ばれる「点呼の前の点呼（点呼の1時間前に行う）」などもあり、心を休めることがほとんどできません。

平日は厳しい生活、休日もあまり休まらないことから、**1学年は「幸せレベル[*15]が底辺まで落ちる」とよく言われています**。こうなると少しのことで喜び、感動するようになります（小さなチョコを1つ食べるだけで脳が痺れるようなイメージです）。

防大生はシンデレラ

苦難の1学年の日々を乗り越え、2学年のカッター競技会が終了すると、学生は私服外出・外泊OK（回数制限あり）となり、私服に着替えて街に繰り出すことができます。カッター競技会を終了した2学年は、**「人権を取り戻した」**と天にも昇る心地になります。

2学年からは下宿を学生が共同で借り、そこで防大の制服を脱ぎ、私服に着替えて外出する人も多くなります。防大の最寄りである浦賀駅〜馬堀海岸駅近くのアパートは「人が住んでいる気配はないが服や物がたくさんあり、休日になると若者が出入りしている」という不審物件が多いですが、それは**防大生の巣穴**です。

私服に着替えて街を歩く気分は、**まさに「シンデレラ」と同じです**。いつも虐げられているシンデレラが、魔法の力でおしゃれをしてお城のパーティーに行くように、防大生はヘアワックスで髪型を整え、サングラスやネックレスなどを身につけ、京急線というカボチャの馬車で夢の世界へ旅立ちます。

みなとみらいの夜景を見ながらカクテルを飲む、上野の美術館で教養を高める、渋谷のクラブで踊りまくる、中目黒でパンケーキを食べる、川崎の繁華街でムフフなお店に行くなどして、きらびやかな世界を満喫します。

街の空気に触れた防大生は、舞踏会のシンデレラのように「なんて素敵な世界なの」と目を輝かせ、見るもの全てに心を震わせます。

ただ、防大では門限が定められており、日曜日の2200までには帰校をしなくてはいけません。シンデレラが王子様と踊って夢心地になっているときに、「いけない！帰らなくちゃ」と走って去るように、防大生も「いけない！　帰らなくちゃ！　魔法が解けちゃう！」とかわいい恋人とのデートや楽しい飲み会を中断し、凄まじい勢いで駅に走って向かいます。最寄り駅でタクシーに乗り込み、運転手さんに「点呼のラッパが鳴っちゃう」と急かしながら防大に帰っていきます。

そうして、夢の世界から1学年がドタバタと走り回る防大に帰ると、「これが俺たちの世界だったな」と現実の世界に帰っていくのでした。

つまり、**防大生の外出とはひとときの夢にすぎず、彼らは魔法が解ける前に帰らな**

くてはいけない「シンデレラ」なのです。

防大生が待ち望む長期休暇

いつも寮生活で修行僧な日々を送っている防大生ですが、厳しい規律がある小原台からグッドバイし、精神が解き放たれる瞬間があります。それが**長期休暇**です。長期休暇は一般大学と同様に「夏季休暇（3週間）・冬季休暇（10日ほど）・春季休暇（1週間）」があり、多くの学生は実家に帰省をします。

長期休暇の楽しみとしては、「家族に会う」「実家の犬に会う」「地元の友人に会う」「思い出の地に行く」「母校に行く」「海外旅行に行く」など、人によってさまざまです。生活の選択肢が少なく、規律に縛られた日々を送っている学生にとっては、「毎日が遊園地」と思えるような夢想をすることも珍しくありません。

特に1学年のときは、**夏季休暇を迎えると極楽浄土にいるような気分になり、脳内に花が咲き乱れます**。口うるさい教官や無茶ぶりをしてくる上級生もおらず、好きなときに寝て、好きなときに起きる。お腹が空いたら右手にポテトチップス、左手にアイスを持てば、「自分はこの世界の王に違いない」と錯覚します(気分はもはやマハラジャです)。

いずれにしても、防大生は学年問わず「長期休暇」という甘美な響きを聞くと、自由に溢れた下界の世界を想像し、夢心地になります。さらに夏季休暇・冬季休暇前には「学生手当(ボーナス)」も支給されるため、学生たちのテンションは長期休暇が近づくにつれ、どんどん上がっていきます。

長期休暇の当日は**「解散日」**と言われており、解散前には「清掃点検」「事前教育」などの各種イベントがあります。それらのイベントを乗り越えて「それでは解散」と指導教官から言われると、学生たちは喜びのあまり「ウォォォ!」や「イェェエ!」などの奇声を上げ、巣から飛び出す蟻たちのように防大から去っていきます。

なお、2学年以上は私服で帰省できますが、1学年は制服での帰省が義務付けられているため、制服のまま飛行機や新幹線を乗り継ぎ、実家に帰ってからようやく私服に着替えることができます。

しかし、実家に帰っても**防大生活の呪い**が解けない人たちもいます。彼らは早朝に目を覚まして跳び起き「ここはどこだ！」と混乱する、腕立て伏せをしないと気持ちが落ち着かない、「国旗掲揚の音楽」が幻聴として聞こえるなどの症状が現れますが、2日目からは一般社会に順応していきます。

長期休暇は天国と地獄

長期休暇は最初の3日ほどは最高に楽しく、まさに黄金時代を迎えます。友人と酒を飲み、犬と散歩し、友達の家で異性とUNOをし、深夜の海岸で海に向かって石を投げる……そんなたわいもない日々に生きている喜びを実感します。

また、長期休暇中に海外旅行に行く学生たちも多いため、「スイスの街中で同期に会った」や「タイのスーパーに先輩がいた」などの珍事件もよく発生します。

休暇中は、見るもの触れるものに幸福を感じるトランス状態（ナチュラルハイ）を経験しますが、徐々に**「時がきたら防大に帰らなくてはいけない」**という思いが心に暗雲を立ち込めさせます。一般社会の味を覚えてしまうと、防大は刑務所にしか思えず、どうしても苦悩するのです。

こう思ってしまうと、「あと何日遊べる！」ではなく「あと数日で防大に帰る……」という思考になり、あまり楽しめなくなります。実際に長期休暇明けは「魔の期間」であり、防大を退校する学生が一定数存在します。

しかし、防大に帰る日はやってきます。防大生には「よし！　防大に帰れて嬉しいな！」と思う人はほぼ存在せず、みな今生の別れのような顔をして家族、犬、水槽のネオンテトラたちに別れを告げ、憂鬱な顔で新幹線や飛行機に乗り込みます。

ある学生は、**「新幹線の車窓から『時速300㎞で防大に向かっている』と思うと具合が悪くなった」**と語り、ある学生は**「京急線の車両を見ると絶望を感じる」**などとメンタル不調を訴えるようになります。

しかし、重い足取りで小原台の丘にある防大に帰り1時間もすれば、「下界なんて存在しなかった」と思えるほど学生は順応し、翌日から防大生として気合を込めて生活するのでした。

＊15 防大生がよく使う表現の一つであり、自分の幸せ度を示す。1学年のときは幸せレベルが常に底辺のため、ちょっとしたことで幸せを感じやすい。

摩訶不思議な防大ユーモア

防大は規律が厳しく、お酒はもちろんのこと、テレビ・ゲームなどの娯楽が禁止されています。自衛隊で一般部隊に配属になった隊員はテレビ・ゲームが許可されているため、防大生は一般隊員よりも息抜きをする機会が少ないです。このような環境で生活をしていると、**独特のユーモアや文化が生まれます。**

防大生の娯楽や面白い話を、いくつか紹介しましょう。

・お菓子パーティー

防大生はとにかくお菓子パーティーが大好きです。売店でジュースやお菓子を大量に買い込み、自由時間や消灯後に部屋のメンバーで楽しみます。イメージとしては「お楽しみ会」です。防大生に愛されるお菓子はカントリーマアムやピザポテトなど、カロリー爆弾が多いです。

コカ・コーラを飲みながら、カントリーマアムをむさぼるように食べることが防大生の喜びです。翌日は激しい胸焼けに苦しみます。

・コント大会

防大の学生舎ではよくコント大会が行われます。このコント大会は志願制のこともあれば、強制参加のときもあります。強制参加のときは仕方がないのでネタを考える必要があります。ただ、所詮は学生のコントのため、「まったく面白くないし、誰も笑わない」という悲劇が頻発します。特に深夜の勢いで作ったネタは「寒い」と言われており、「誰も笑わないのが面白い」というシュールな世界になります。

学生に人気があるネタは上級生や教官のモノマネ、ふんどしを締めたお尻で割り箸を割るなどの一発芸系であり、**これらの芸を持っていると卒業後も身を救うことになります**（自衛隊は一発芸の無茶ぶりが多いです）。また、ロッカーに上級生の名札を貼り、「おいおい何が入っているんだ〜」と言ってみんなの前でロッカーを開けると、エッチな本がたくさん出てくるというネタも鉄板でした。正直、馬鹿馬鹿しくてつまらないですが、娯楽がない防大生にはバカ受けです。

・噂話

防大生は情報に飢えており、とにかく噂話が大好きです。

噂話は男女関係のゴシップや服務規律違反などの話が多く、少しでもやらかすと一気に学校中に広がります。この文化は卒業後もＯＢの中に息づいており、「懲戒処分になった」などの話は防大ネットワークですぐに広がります。

有名な話は期別の離れた学生も知っており、伝説化することもあるので、**自分が伝説にならないように注意する必要があります。**

・ランニング外出

防大では**「校外ランニング」**が許可されており、学外へ出て海岸沿いなどを走ることができます。この制度に目をつけた学生たちの中には「吉野家で牛丼を食べる」「海岸でアイスを食べる」「焼き鳥を買い食いする」などのちょい悪行為をします。

もちろんバレると指導の対象ですが、それが背徳の味として、買い食い行為を加速させるのでした。

・ベッド下就寝クラブ

防大では就寝時間以外に横臥（おうが）することは禁止されていますが、こっそり寝る方法があります。**それはベッド下に潜り込んで寝る方法です**。この方法を使って寝る学生は「ベッド下就寝クラブ」と呼ばれており、たまに学生が潜伏しています。

ただ、教官も学生が寝ていることを知っているため、たまに見回りで摘発されています。

・トンビに餌をあげる

防大には多数のトンビがおり、腐ったパンなどを窓に置くとトンビが大量にやってきます。娯楽がない防大ではこれも娯楽の一つですが、教官に見つかると「ふざけるな！」と激怒されます。そのため、**教官にバレないように餌をあげる必要があります**。

なお、トンビは防大生の食べ物を常に狙っているので、「シュークリームをトンビに取られた」などの被害が頻出します。気をつけるほうがいいでしょう。

・面白話1―ワンポイントシャツ

厳しい体育教官がおり、「シャツはワンポイントのみ可だからな！　それ以外は欠席扱いだ」という指導がありました。他の学生はちゃんとワンポイントのシャツや体操服を準備してきましたが、ある学生は「犬のイラスト」が大きく描かれたシャツを着てきました。この学生に対して教官は「それはダメだ！」と言いましたが、彼は**「いえ、教官。これは『ワン』ポイントです」**と臆せずに言い、その堂々とした姿に「負けたよ」と教官が言い、彼は授業に参加できたそうです。

・面白話2―やすもう部

とある相撲部の学生はよく練習をサボり、土日もプラプラ遊んでいました。それを見たある学生は「相撲部ってそんなに休めるのか？」と聞いたところ、彼は**「俺は相撲部じゃない。やすもう部だ」**と返しました。

・面白話3―テレビ付きパソコンを購入する

防大ではテレビを持つことができませんが、個人のパソコンは所持することが可能です。この制度に目をつけた学生が、「テレビ一体型パソコン」というキワモノを購入しました。このキワモノは「パソコン付きテレビ」という名称のほうが相応しく、40インチオーバーという謎の代物でした。

最初は教官を説得できたものの、「テレビが見られる！」と学生の間で噂となり、最終的にはゲーム大会が開かれるようになりましたが、「これはテレビじゃないか！」と御用となりました。

これらの話は一例ですが、**防大生は厳しい生活の中において、心を癒せる娯楽を常に求めています。**

防戦一方の防大生の恋愛事情

モテない防大生

勉強ができて、運動神経も抜群。将来も有望な防大生に対して「モテる」と考える方も多いと思いますが、**防大生はとにかくモテません**。そもそも「モテる、モテない」の議論をする前に出会いが存在しません。これはトラと素手で戦えるほどの腕を持つ狩人でもあっても、獲物がいない大都会のコンクリートジャングルでは何も捕まえられないのと同じです。

一般大学であれば、ゼミナール・サークル・バイトなど、異性との出会いの場が多数ありますが、全寮制の防大生にはそうした出会いがほぼ存在しません。女子学生はいますが、淡い恋心は特に抱きません。

休日に行われる校友会の大会などで、他大チームの女子マネージャーや選手の彼女が「○○くん負けないで！」と甘酸っぱい青春をしているのに対し、防大チームはほぼ男だけ。応援も「死ぬ気で戦え！」「うぉおおぉぉ！」と野太い声を上げるため、他大学の女子学生に嫌な顔をされがちです。

つまり、**防大では青春の華である「甘酸っぱい恋愛」が存在せず、酸っぱい香りのするものは1学年の作業服だけなのです**（「おい1年！　臭いぞ」とよく言われます）。

また、防大は全国から学生が集まっているため、中高の同級生との恋愛も難しく、片想いをしていた子が「大学の同級生と付き合った」などと風の噂で聞いて心理的にダメージを受けることも珍しくありません。

特に1学年のうちは制服外出が義務付けられ、坊主頭でストレスニキビという田舎の中学生のようなスタイルのため、恋愛はほぼ不可能に近いです。さらに、疲れ果てている1学年は、**「恋愛」よりも「カツ丼大盛り」などのカロリー摂取、「睡眠」など、生き物としての安らぎを追い求めるようになります。**

中には「高校の同級生と付き合っている」などという学生もいますが、会えないことから大抵は破局することになり、恋愛遍歴はリセットされます。

高校の同級生が「彼女ができた」「お泊まりデートをした」などと羨ましい報告をする中、防大1学年は必死の形相で床を磨き、作業服のプレス職人として毎日のアイロンがけに魂を込めます。この一般大生との落差が、防大生の魅力と言えるでしょう。

恋愛も専守防衛、ピュアな防大生

2学年になると外泊や飲酒が可能になるため、一部の学生は誰かが設定した合コンなどに参加するようになります。ただ、防大生は地方の優等生といった感じの奥手の人も多いため、「そもそも恋愛に興味がない」というタイプのほうが多いです。

一般大学であれば、「新歓コンパ」などの浮ついたパーティーを行うことで、恋愛に興味がなかった人も恋愛に発展することがあると思います。ただ、防大では自然恋愛に発展することは皆無であり、1学年のストイックな生活を通して「修行僧」のようになってしまうのです。

さらに、**専守防衛の精神を学んでいる防大生は、国防だけではなく恋愛も専守防衛のため、**「好きだ」の3文字を言うことができません。

そうして彼らは男だらけの青春に満足し、わざわざ恋人を作る必要はないと考え、休日もグラウンドでラグビーボールを追いかけます。休日は、同期とともにしゃぶしゃぶ食べ放題で恐ろしいほどの量の肉を食べることで、満足してしまうのです。

また、普段は「日本の国防を～」や「防大生としてあるべき姿に～」と熱く語っていても、**恋愛のことになると急にピュアになり、「どうしたらいいか分からない」とかわいい面もあります**。よくも悪くも昭和の男性に近いところがありますね（彼らは大抵、長渕剛が好きです）。

そんな防大生ですが、4学年になると状況は一変します。夏に部活を引退し、休日に自由な時間も増えるようになると、少しは今時の若者らしくなります。

さらに、防大は**「卒業ダンスパーティー」**という伝統があります。これは「士官としての相応しい立ち居振る舞い」を学ぶために、伝統的に行われている行事であり、新高輪プリンスホテルの「飛天の間」にて異性と卒業式で踊る必要があります（元陸軍参謀の辻政信が「女性と踊るなんてけしからん」と激怒した逸話さえあります）。

もちろん、卒業ダンスパーティーへの参加は任意ですし、辞退することさえできます。しかし、防大において「卒ダン辞退」というのは「負け犬」の象徴であり、恋人[*16]と踊ることは「誉れ」とされています。**ここで、防大4学年はパートナーを追い求めて奮闘します。**

卒ダン相手を求めて三千里

まず、**最初のチャンスは「合コン」です。**防大には女子大となぜかコネクションがある学生がおり、彼らに頼めば合コンへの参加は可能です。

しかし、防大生は修行僧のような生活をしているため、一般大学へのカルチャーショックを受け、女性への接し方が分かりません。さらに女性側から「防大の生活について教えて」と聞かれると、ヘビーな学生生活を語り出し、楽しくなって合コンなのに恐怖の身内ネタを連発させます。すると女性側が冷めてしまい、「ただの飲み会」となり、恋に発展することは稀です。

次のチャンスは「開校記念祭」です。開校記念祭では一般女性が大勢やってくるため、積極的な学生は「この人だ！」と思う女性に声をかけます。ただ、「同期の妹だった」や「後輩の彼女だった」という大ハズレもあり、生涯ネタにされます。最近では**「恋の片道キップ」**という彼女募集の掲示板ができ、一般女性も出会いを求めてやってくる節があるので、一昔前よりも学生と女性の出会いが増えました。

掲示板の前で、目をギラギラにしたご婦人が片っ端から学生のアドレスを押さえていたり、ニューハーフのお姉様たちが「この子はかわいいわね」と微笑んでいたりする姿は、なかなかの見ものです。

最後のチャンスは「高校時代に好きだった子への再アプローチ」です。地元にいる女の子に「私と踊ってくれませんか？」と告白するのです。これが成功するとレジェンドとなり、ピュアな防大生たちは「そんな話ある!?」と大盛り上がりになります。

質実剛健で真面目な防大生はなんだかんだピュアであり、かわいい側面があるので、このギャップが好きな女性も一定数いるようです。ただ、何も出会いがなく、恋愛を1ミリもすることなく4年間を過ごす人が多いのも、また事実と言えるでしょう。

内部恋愛は注目の的

防大生の内部恋愛を**内恋**（ないれん）と呼びます。内恋は校則では禁止されていませんし、学生恋愛は個人の自由です。卒業後に結婚する人たちも多く、微笑ましい青春の一ページともいえます。

しかし、防大では圧倒的に男子学生が多く、女子学生が少ないという特性から、内部恋愛をする学生は常に注目を集めます（レンジャーにかけて「ナイレンジャー」と称されることも多いです）。あらぬ噂が立ちやすく、人間関係のトラブルにも発展しやすいため、「内部恋愛は危険な果実」と考えている学生も一定数います。

ちなみに、防大には**「内恋撲滅委員会」**という非公式の地下クラブが存在します。彼らは「小原台は愛を育むところではない！」と高らかに語り、「内恋、ダメゼッタイ」と布教活動をします。この内恋撲滅委員会は「加入する」と宣言すれば、その場で加入可能です。

といっても、彼らはみんなで会合をするわけでもなく、他人の恋愛を妨害するわけでもありません。その辺でコーラを飲みながら「内恋はけしからん」と熱く語っているだけです。モテない男の僻みを具現化したジョーククラブと言えるでしょう。

＊16 パートナーがいない学生は、女子大のダンスサークルの女性と踊れる。ただ、その子たちとは「恋愛にはならない」というジンクスがある。

COLUMN 6 防大生が恐れる校則違反

防大生が一番恐れていることは、**「服務事故」、いわゆる校則違反です。**「事故る（じこる）」という名称で学生たちから親しまれています。

防大では服務事故を起こすと「外出禁止」などのペナルティが生じますし、中隊の雰囲気が非常に悪くなります。もちろん、税金で学んでいる以上は故意の服務事故は許されることではありませんし、重い処分として退校になる学生もいます。

しかし、真面目な学生でも服務事故を起こすことがあります。それは**「帰校遅延」**です。これは、「週末の点呼の時間までに帰ってこない」というときに発生する事故です。この事故は、「電車の時間を間違えた」「電車で寝過ごした」「お酒を飲みすぎた」などのうっかりミスで発生します。「1学年が私服外出しているところを見つかった」などもよくあるパターンです（故意で事故を起こすと罪が重くなります）。

では、服務事故が発生するとどうなるでしょうか。

私が在籍をしていたときは、連帯責任として**「事故走り」**という文化がありました。これは事故を起こした学生の同学年と上級生（3学年が事故を起こしたら、3～4学年）が半長靴、背嚢を背負って校内を走ります。さらに、事故を起こした学生は背嚢にコンクリートブロックを入れることもあります。そうした姿を見て、**「服務事故だけは起こしてはならない」**と学生たちは強く心に刻むのです。

なお、服務事故を起こした学生は学年関係なく「丸刈り」にするのが通例であり、休日も床を磨いていたり、コンクリートブロックに白いペンキを塗っていたりと、罪を償うのが通例でした。

精神と時の部屋

防大では服務事故を起こし、停学処分となると「精神と時の部屋」と呼ばれる

部屋で過ごすことになります。精神と時の部屋とは、学生舎にある服務室のことであり、漫画『ドラゴンボール』に登場する何もない修行場になぞらえて、学生からそう呼ばれています。

学生は頭を丸坊主にし、その部屋で1日中反省文を書く、『学生必携』（校則などが書かれた冊子）の内容を写経のように手書きする、教官と面談をする（説教される）などをして過ごします。旧軍の「営倉制度（悪さをした兵隊への罰）」と同等の罰が防大には存在しています。

停学処分中の学生はどこへ行くにも教官と一緒に行動し、他の学生に話しかけることが禁じられます。さらに停学中は「停学中の生活費」として給与に控除が発生するため、実質的な給与減額処分にもなります。また、停学中の学生に対して、他の学生は話すことはおろか、「目を合わせてはならない」などのルールがあり、**絶対に服務事故を起こしたくないなと学生に思わせる抑止力があります。**

このように、防大生にとっては服務事故とは恐怖以外の何物でもなく、彼らは服務事故を起こさないように気をつけて生活しています。防大生がよく見る悪夢は「帰校遅延を起こす」がとても多く、その悪夢が現実にならないようにハラハラしながら生活をしていると言えるでしょう。

なかなかに罰則が厳しいように思えますが、こうした経験によって任官して部隊配属になった際に服務指導の大切さが分かる、という一面もあります。**失敗して罰を受けたという経験を生かすも殺すも自分次第、**と言えるでしょう。

第6章 防大の勉学事情

防大に入るには

防大に入るためには、一般大学と同様に入試に合格する必要があります。入試は、

- **推薦採用（学校による推薦）**
- **一般採用（学力による選抜）**
- **総合選抜採用（ＡＯ入試に近い推薦）**

があり、「人文・社会科学専攻（文系）」か「理工学専攻（理系）」のいずれかの選考に出願します。**防大入試の内容や仕組みは、公務員試験よりも一般大学の入学試験に近いです。**

また、防大は採用枠が決まっているため、出願によって難易度が異なります。

理系専攻の採用枠が多く文系専攻は採用枠が少ない、男子学生よりも女子学生の採用枠が少ないなどの特徴があります（第1章で述べた通り、今は女子の採用枠が当時より増えたようです）。採用枠が異なるため、入試難易度が最も高い「文系選考の女子学生」は真面目で学力が高い人が多く、入試難易度がそこまで高くない「理系専攻の男子学生」は筋肉と気合で解決する人が多い印象です（文系学生はある程度勉強ができる真面目な人が多いのですが、理系学生は天才から筋肉のことしか考えていない人までバラエティ豊かです）。

いずれにしても、防大に入校するためには**「地方の国立大学に合格できるレベル」**の学力が求められますし、倍率も一般入試でさえ7〜10倍程度あります。学費・授業料が無料であることや、将来の安定性から**一般大学と比較しても人気がある学校**と言えるでしょう。

まずは自衛隊地方協力本部で話を聞こう

防大に入校したいと思った人は、自衛隊地方協力本部の事務所に行き、その旨を伝えればパンフレットや志願票をもらえます。ただ、自衛隊広報官は防大卒ではないことが多く、地方の場合は防大に見学で1〜2回ぐらいしか行ったことがないというケースがあります。

しかし、広報官は「防大ね。昔は厳しかったけど、今は優しいよ。楽勝だよ！」と甘い言葉で若者を勧誘し、「エリートコース」「学費がタダ」「お小遣いをもらえる」「女の子にモテる」と歌舞伎町のキャッチ顔負けのマシンガントークを仕掛けてくることも珍しくありません。広報官は防大のことを、「どんな夢も叶うガンダーラ」のように語ってくることもありますが、**あくまでもエンターテインメントとして広報官のトークを楽しむのが吉でしょう**。

北海道や九州の進学校では、「防大は全員受験しろ」と教師から指示を受けて受験することも過去にはありました。これは「お前らは全員自衛官になれ！」という極右的な思考ではなく、防大は毎年秋に筆記試験が行われるため、「防大の筆記試験に合格できれば国立大に受かる」や「試験会場の雰囲気を味わってこい」という模試的な発想です。そして、**「防大に受かって浮かれていたら、志望校は全て落ちた」という**

「落武者」がやってくることも、「防大あるある」とも言えます。

１次試験と２次試験

防大は**一般入試の場合は1次試験が「筆記」、2次試験が「面接・身体検査」となり、体力検査はありません。**防大の１次試験は難易度のバラつきが激しいことが多く、「簡単すぎて驚く年」と「難しすぎて驚く年」があります。後者の年を受験すると受験者の平均得点が低すぎて、「ヤマ勘で合格する」というミラクルが発生します。

防大は学力偏差値が比較的高いですが、「自分には無理だ……」と思う受験生でも、こういった事情からポテンヒットで合格できる可能性は十分にあります。とりあえず入試という打席に立ってみる価値はあるでしょう。

１次試験は最寄りの駐屯地や基地で受験をしますが、私服で受験すると若手隊員と勘違いされやすく、「敬礼せんか！」と怒られる、「ＡＲＭＹというＴシャツを着ていたら、係の人だと勘違いされた」などの話があるため、学校制服を着用しての受験が無難です。

2次試験の「面接・身体検査」ですが、ここの採点はブラックボックスなので、分からないことが多いです。「1次試験の点数が高ければ受かる」といった話や、「身辺調査でNGになると受からない」などの話もあるので割愛をしておきます。

合格発表、そして約束の地へ……

1月後半[*17]になると合格発表があります。ここのポイントは、「1月後半」ということです。この時期は大学受験の大詰めです。防大が第一志望ではなくても、**受験のプレッシャーや広報官の巧みな話術で「防大に進学します」と妥協してしまう人も出てくるからです**。このように、防大は「自衛隊に興味がないけど、合格したから来ました」という学生が大量発生するシステムのため、第1章で描いた通り4月に退校者が溢れるカオスな事態が生じます。

合格者が広報官に入校することを伝えると、広報官の喜びを抑えきれない声（「ありがとう！　防大で、が、が、がんばろうね」）とともに後日、書類一式が到着します（広報官には採用ノルマがあり、自衛隊の営業マンとも言われています）。その書類には、事前に提出や準備が必要な書類の案内と、４月１日の着校案内が含まれており、その案内に沿って合格者たちは準備を進めます。

なお、県によっては自衛隊地本（旧称・地連）などが主催する壮行会があり、入校予定者の若者を集め、カントリーマアムやばかうけなどの茶菓子でもてなしながら、**「君たちは国家の宝だ！」「国防をがんばれ！」**と励ましの言葉をかけます。こうした行事では防大・防医大の進学者が代表をしてスピーチをすることが多く、まだ自衛官でもないのに「国防を任せてください」などの謎の熱いメッセージを語ることが求められます。

壮行会は、自衛隊に親しみを持つ方が多い北海道・九州地方に多い傾向にあり、地域によって**「防大に進学とは村（町）の誉れじゃ！」**と称賛され、母校の校長先生に握手を求められ、さらには遠い親戚の見知らぬお年寄りに褒められることもあります。そうした地域の人々にとっての防大は、東京大学や地元の国立大学と同列に存在しており、防大進学をするだけで昔ばなしに登場するような「村の立派な若者」という扱いを受けることになります。

その一方で自衛隊にまったく関心がない地域では、「防衛大学校って何？」という話になりがちであり、こちらが概要を説明しても「へ〜、珍しい学校に行くもんだねぇ」や「学費タダでいいねぇ」で会話が終了します（私が入校する前はまだまだ自衛隊に対する国民理解が低かったので、自衛隊に親しみがある地域とそうではない地域が顕著であり、このような温度差が往々にしてありました）。

ただ、防大に合格することはゴールではなく、実はスタート地点にも立っていません。日本の大学教育は「入試は難しくても、入学すれば卒業は簡単」という風潮があり、「人生の夏休み」と表現されることも多いですが、**防大は「入試はまあまあ難しく、卒業までの道のりも茨の道」という特徴があります**。

いずれにしろ、防大を選んだ人は約束の地・横須賀市小原台に向けて出発をします。

*17　2023年度は12月後半に早まったとのこと。

防大生は一般大生以上に勉学に励んでいる

防大に進学すると「訓練ばかり」というイメージがあるかもしれませんが、実は一般大学に準じたカリキュラムがあり、アカデミックな教育がメインです(自衛官としての教育・訓練は、防大卒業後に行く幹部候補生学校がメインになります)。

実は、**防大生は一般大学の学生以上に勉強しています**。

一般大学では124単位以上取得すれば、卒業して学位が授与されます。しかし、防大では124単位に加え、**「防衛学」**も履修する必要があるので、152単位以上で卒業になります。さらに卒業論文の提出も必須のため、最後の最後まで勉強する日々が続きます。また、一般大生のように「今日は自主休講かな〜」とサボると、「学生としての義務を怠っている」と見なされ、懲戒処分になります(税金をもらっている以上当たり前ですね)。

教場は安心のDMZ（非武装地帯）

こう聞くと割と厳しいように思えますが、防大は日常生活が激しいため、**教場は非武装地帯（DMZ）とよく言われています**。学科の教官は文官で自衛隊色が薄まりますし、同学年だけで講義を受けることがほとんどなので上下関係がなくなり、気遣いをすることがないからです。

特に、1学年のときは教場に行きたくて仕方がありません。学生舎では戦闘モードの1学年は、教場に行くと高ぶってささくれた交感神経がリラックスモードに切り替わり、ひとときの安らぎを感じます。講義が始まる前の自由時間には、ジュースを飲んでもよし、同期とふざけてもよし、チョコレートを食べてもよしと、防大という乾いた砂漠で感じる心のオアシスとなります。

ただ、**防大生の最大の敵は「眠気」です**。国税で教育を受けている以上は居眠りをすることはご法度ではありますが、講義が始まるとどうしても眠くなってしまいます。

いつもは走り回り、大きな声を出している防大生ですが、**「お尻にスイッチがついている」**と教官に言われるほど、座った瞬間に寝てしまう学生が多く、寝ている学生を突っつきながら講義を受けるのが、防大スタイルです。

「できん電子」に「就寝工学」

学科講義は必須科目と専攻科目があり、一般大学の学生と同様のカリキュラムです。2学年進級時に学科専攻が決まり、学科によっては「楽勝／地獄」が分かれると言われています。楽勝学科に配属されると「教官が優しい」「実験が少ない」「試験も難しくない」という恩恵がありますが、地獄学科に配属されると「教官の採点が厳しい」「実験だらけ」「過去問が通用しない」などの憂き目を味わうことになります。

また、京都大学の学生が学部にあだ名をつけるように（あそ文学、おと工学など）、**防大にも学科ごとのあだ名が数多くあります**。いくつか例を挙げると……

- **「電気電子工学科はできん電子（勉強が苦手な学生が集まるから）」**
- **「人間文化学科はダメ人間文化（くせものが多いから）」**
- **「応用化学科は青春謳歌（女子学生が多いから）」**

・「**通信工学科は就寝工学（講義のコマ数が少ないから）**」

などがあります（この辺は関係者に聞けば、詳しく教えてくれるでしょう）。

少しワイルドなあだ名が多いですが、ブラックユーモアが娯楽の一つである防大ですので、その点はご了承ください。

防大ならではの学び「防衛学」

防大の「防衛学」では国防、軍事技術、戦略・作戦、統率、軍事史などの科目を学びます。戦争論のクラウゼヴィッツ、海上権力のマハン、航空戦略のドゥーエなど、軍事学を学ぶうえで必要な偉人の名前も、防大生はここで出合います。

教官は、連隊長や団長などの役職を歴任した1佐や、米国国防総省で勤務していた元陸将（再任用）などが担任しており、教科書には書かれていない日本の国防の裏側の話も聞くことができます。防衛学の教官は人間的にも魅力のある方が多いので、私は防衛学が大好きな講義でした。**リアルで生々しい防衛学の講義を受けることができ**

たので、それだけでも防大に進学した価値があったと考えています。

「すぐ役に立つものは、すぐ役に立たなくなる」

講義を教える教官は文官の教授が多く、政治思想もリベラルな方が多いです。

ここには慶應義塾大学の小泉信三先生の**「すぐ役に立つものは、すぐ役に立たなくなる」**という精神を色濃く引き継いだ、初代校長の槇智雄先生の考えが反映されていると言われています。最新の戦術・戦技よりも、今後の思考の礎になる「基礎学力」を身につけることに重きを置いている教育であり、学生は幅広い知識を学ぶことができます。

私は卒業研究の教官に、「日本軍は南方で銃剣突撃ばかりしたから負けた」と言ったところ、「なぜ日本軍は南方で銃剣突撃ばかりしたか、考えたことはあるか？」と問われたことがあります。そして、「日本軍は〇〇だったから負けた」「日本軍は××をしなかったから負けた」と言うのは「後出しジャンケン」だからやめなさいと言われました。**本当に大切なのは「なぜその行動に至ったのか」と考えることであり、**

「単なる批評家になるな」と言われたのが未だに記憶に残っています。

一方的な保守教育ではなく、「なぜその結果に至ったのか」を考えさせる教育が防大にはあり、自衛隊組織を去った今でも当時の学びが私の中で生かされています。

試験・留年事情

防大では3つの留年があります。

- 「学科留年（単位不足）」
- 「体力留年（体力検定が基準以下）」
- 「服務留年（態度不良）」

大怪我などをせず、真面目にやっていれば体力留年や服務留年の心配はないですが、**勉強に自信がない学生は、学科留年に怯えながら学生生活を過ごすことになります。**学科留年する学生は期別によって大きく変わりますが、理系専攻の1学年が30人いれば1～2人は出てきます（時間に余裕がある文系専攻の1学年や、2学年以上の学生の留年率はもっと下がります）。

実は、防大は旧帝国大学に合格できるほどの学力がある学生もいれば、「なぜ受かったか分からない」というぐらいギリギリの学力で合格した学生もいるため、学生間での学力の差がかなりあります。ネットの掲示板に、「防大生は秀才が多い」と書かれたと思いきや「勉強ができない学生が多い」と書かれることもありますが、**「秀才もいれば勉強ができない学生もいる」というのが真実です**（後者の私が言うので間違いありません）。

試験のときは「ブレイン」と呼ばれる学生が、予想問題集を作成する、勉強会を開くなどの施策を行い、勉強ができない学生は消灯後も夜な夜な勉強をします。

なお、防大でのご法度行為の一つに「カンニング」があります。

カンニングとは故意の不正行為であり、**「カンニングをする学生は幹部自衛官になる資格がない」という考えから即留年確定＆懲戒処分**となり、結果として小原台を去ることになります。そのため、防大では「カンニングするぐらいなら、潔く留年しろ」という教えがあります。

潔く学科留年をした学生は、同期から「強くてニューゲーム」や「もう1年遊べるドン」などと言われ、時をかける少女のように生活・訓練をループしてしまいます。中には修羅の1学年生活を2年間やるはめになる学生もいるので、「留年だけはしたくない」と学生たちは熱心に勉強するのでした。

最後の試練、卒業研究・発表会

防大最後の試練は「卒業研究・論文作成・研究成果発表会」と言われています。防大の卒研は、「これでは卒業させられない」と判断されると卒業できずに留年になります。これを**「卒研留年」**といいます。いつもは余裕綽々（しゃくしゃく）で偉そうな4学年ですが、11月頃から顔色が曇り始め、自分の研究成果を見ては「このままでは卒業できないかも……」と焦りを感じるようになります。

文系専攻の学生は実験がありませんが、理系専攻の学生は実験などを行い、研究に必要なデータを集めるために研究室に足繁く通います。しっかりと研究をしておかないと、卒研発表会の質疑応答で教官に「素人質問で恐縮ですが～」と集中砲火を浴び、戦艦大和のように煙と共に轟沈し、もう1年研究をすることになります。

厳しい生活や筋肉ばかりが注目される防大生ですが、このように学生はしっかり学んでいることを読者の皆様は忘れないでください。

COLUMN 7 防大の指導教官たち

個性豊かな指導教官

防大には「指導教官」と呼ばれる、**学生たちを直接指導する（生活態度や心情把握など）幹部自衛官**がいます。彼らの階級は2尉～3佐の階級で、防大卒もしくは一般大卒であることが多いです。

防大は陸海空の3職種合同の教育機関のため、指導教官のキャリアはさまざまです。戦闘機パイロット、輸送機パイロット、ヘリコプターパイロット、航空管制、空挺レンジャー、戦車乗り、潜水艦乗り、艦艇乗りなど……幅広い職種を経験した教官に、部隊での経験やキャリアを学ぶことができます。

ただ、教官といえども2～1尉は27～32歳程度です。教官の顔をして頑張っていますが、まだまだ自衛官としての経験キャリアが浅く、人によってはやんちゃなところがあったり、熱血であったりと指導にも個性がかなり出ます。たとえば、戦闘機パイロットの教官は頭の回転が速く、空挺レンジャーの教官は筋肉と気合で全てを解決する傾向があります。

また、空挺レンジャーやパイロットの教官などは手当が諸々ついて給与がいいため外車を乗り回し、「任官するといい車を買えるぞ」と学生に冗談まじりで語ることがあります（実際に、若手幹部は忙しくてお金を使う暇がなくお金が貯まりやすいので、いい車に乗っているケースが多いです）。

なお、**防大卒の教官の多くは卒業生であるため、学生のズルや不正を見抜く力に優れています。**「ここならバレないだろう」と居眠りをする、夜中にこっそりとゲームで遊ぶなどの不届きなことをすると急に教官が入ってきて、「バレバレだぞ！」と指導をしてきます。これは学生のことをよく見ているというよりも、「学生がサボる瞬間を知り尽くしている」という経験から指導を行っています。

私の先輩は、学校を抜け出して学校の近所でアナゴ天丼を食べていると教官がやってきて、「天丼は美味いか」とニヤッと笑われながら指導されたと言っていました。

防大や自衛隊では「ズルはバレる」とよく言われていますが、結局のところ、**指導する側の教官も「ズルをしてきたからズルが分かってしまう」というのが事実と言えるでしょう。**

助教官（助教）の存在

防大には幹部自衛官の指導官の他にも、「助教」と呼ばれる助教官がいます。彼らは**曹階級で教官をサポートする役割を持っています。**自衛隊の教育では助教の3曹、2曹が鬼軍曹役になることが多く、新隊員をビシバシと鍛えていきます。

防大生に対しては「卒業後に階級が逆転する」「自分の指揮官になる可能性がある」ということもあり、そこまで厳しい態度で接することはありません。ただ、指導教官が「ビシバシやってください」と言うと、「お前はなんでそんなにチンタラしてるんだ！」や「楽して終わると思うなよ」などのスパイシーな言葉をペッパーミルのようにかけてきます。

陸曹の助教には幹部の教官にはない言葉や考えがあり、その言葉が学生の胸に響くことがよくあります。

私が学生のとき、真夏の演習で防御陣地構築をしていたときの話です。私は穴を掘るのが嫌になり、「こんなに穴を掘る意味ってあるんですかね？」と助教に聞きました。すると**「経験を通して分かったらもう遅いぞ」**と返ってきました。今考えても含蓄の深い言葉ですね……。

また、私の心に残っている言葉として、ある曹長の方から言われた言葉もあります。

「偉くなりたい幹部自衛官ではなく、偉くなってほしいと思われる幹部自衛官を目指すんだ」

人間はついつい「偉くなりたい」という欲求が先行してしまいますが、戒めとして覚えておきたい言葉ですね。

第7章 防大生と異文化交流

海外の士官学校からの留学生たち

防大には各国士官学校の学生が留学・研修生としてやってきます。防大にやってくる留学生は多種多様であり、米国を始めとする西側先進国からアジアの新興国まで、幅広くいます。研修でやってくる学生は1週間～2年ほどで自分の国に帰国しますが、アジアの新興国からきた留学生は日本語研修を1年間、その後に一般学生と同様に4年間の教育を受け、計5年で防大を卒業します。

さらに防大では、**「国際士官候補生会議」**という、世界中の士官学校の学生を集めた発表会なども行っており、防大は一般の方が思う以上に国際色豊かになっています。

「軍役を終えたらMBAを取ってビジネス界に行きたい」と本音を漏らす米国の留学生、**「韓国よりも日本のほうがいいよ。空気が自由だから」**と日本贔屓になる韓国の留学生、**「俺もみんなと一緒に陸上自衛隊に行きたい」**と語るモンゴルの留学生など、「実はそう思っているんだな」という生の声を聞くことができます。
そんな留学生のエピソードについて、いくつか紹介します。

西欧諸国の学生にとって「防大は息が詰まる」

留学生からよく聞く防大の特徴としては、「規律が非常に細かい」が挙げられます。西欧の士官学校は「学生の自主性」を重視して学生による自治が認められていますが、防大は基本的に教官の介入ありきです。**「所詮は学生」という意識が強いため、ほぼ自由度はありません**。アメリカの留学生は、「何もかもが規律で決まっていてうんざりした。そして教官の介入が多い」という台詞を残していました。

また、整理整頓や物品管理の意識が非常に強く、モノを一つなくしても大捜索になります。このような状況を西欧諸国の留学生が見れば、**「探す時間があるぐらいなら支給すればいいのに」**と考えるようです。実際に留学生に訓練用の小銃を渡し、彼が部品を紛失しても「えっ？　探さなきゃいけないの？　部品ぐらいあるでしょ」という反応が返ってきたことがあるようです（防大生とはまったく違う感覚ですね）。

また、西欧諸国の士官学校は国によっては部屋も個室を与えられ、学校内にバーやビリヤードなどの娯楽施設が併設されていることもあり、防大より息抜きの場も多いようです。そうした理由から、**西欧諸国の留学生から見ると、どうしても防大は「息が詰まる」という印象を持たれやすいようです。**

新興国の士官候補生からは人気が高い

一方で、新興国（モンゴル・東南アジア）の留学生からは、防大は人気が高い印象でした。

留学生にも毎月10万円ほどの手当が支給されますが、この金額はインドネシアなどでは大卒1年目の給与の2倍であり、高級将校の金額に匹敵します。また、新興国の士官学校は「必要とあれば体罰可」の風習が未だに根強いらしく、そうした事情を考えると防大は「穏やかで綺麗で最高」とのことでした。

新興国の留学生はとにかく七難八苦に強く、訓練で活躍します。

モンゴルの留学生は体幹が恐ろしく強く、「どうして強いの？」と聞いたら、**「3歳**

から馬に乗って草原レースに出ていた」と答え、カンボジアの留学生は行軍にめっぽう強く、どうして強いのかと聞いたら**「小学校まで10㎞の山道を歩いていたから、歩くのは慣れている」**と返ってきたことがあります。私は「それは強いわ」としみじみ思ったものです。

また、タイやインドネシアの留学生は暑さに強く、真夏の訓練でも**「自分が住んでいた場所よりもマシ」**と平気な顔をして、汗もあまりかきません。こうした彼らを見て、「日本人とはスペックが違うんだなぁ」と思ったものです。

ただし、留学生でも体力がなく弱い人たちもいます。

彼らの出身地を聞くと、大抵は首都出身で実家は金持ちであることが多いです。つまり、留学生もシティボーイ・ガールになると途端に弱くなり、田舎出身であればあるほど強くなります。環境が人を変えるのは事実と言えるでしょう。

そんな留学生に防大にやってきた経緯を聞くと、理由はさまざまです。

「軍隊の将校に憧れて」と言う人もいますが、よくよく聞くと「本当は医者になりたかったけど、学費がなくて士官学校に入った」や「大学に行く学費がなかったから」など、防大生が進学する理由と似たようなことを話す人がいます。

私と仲がよかった留学生の先輩は、親が陸軍将校で「日本に留学したくないか？」とある日言われ、**「行きたい！」と言ったら陸軍に入隊させられて防大送りになった**と話していました。

仲よくなるには下ネタが有効

言葉も文化も違うところからやってくる留学生たちと、仲よくなる必殺技がありま す。それは「下ネタ」です。**どこの国も軍隊は男だらけで、血気盛んな若者は隙さえあればエロいことを考えているので、とりあえず下ネタを話せばなんとかなります。**

小銃を股に挟み、「マイ・ビッグ・ライフル」と言えば、硬い顔をして緊張している留学生の顔も綻びます（この手のアホなネタは世界中でやるのでしょうね）。

フランス空軍士官学校からやってきた留学生が、拙い字で「ちんちん」「おっぱい」とホワイトボードに嬉しそうにひらがなで書いている姿を見て、「この留学生は日本に来て何をやっているのか？」と私は思ったものです（教えているのは間違いなく防大生ですが）。

私は、インドネシアの留学生から教わった「茶碗の中に指輪を入れるな（Jangan taruh cincin di mangkuk.）」という言葉が忘れられません。書籍では到底書けないので、興味がある方はGoogle翻訳で読み上げてみるといいでしょう。

困ると日本語が怪しくなる留学生

留学生は日本語が流暢で意思疎通はまったく問題ありませんし、レポートなども日本語で提出します。そんな留学生ですが、**中には「困ると日本語が怪しくなる」という人たちもいます**。

彼らは「時間を間違えた」や「物を忘れた」というときに同期から叱責されると、いきなり日本語能力が下がり、「ワカラナイ」と片言になります。しかし、窮地を乗り越えると再び流暢な日本語になるため、「本当は分かっているだろ！」と周りからツッコミを受けます。

私の訓練班にいた東南アジアの留学生は、ゲームやアニメの話が大好きで、ドラえもんに関する知識は日本人顔負けでした。そんな彼がある訓練の集合時間のときに不在のことがありました。

もちろん、「おい！　あいつがいないぞ！」と騒ぎになり、捜索になりそうなところで彼は帰ってきました。班のメンバーが彼に向かって「お前は何をしていたのだ！」と問い詰めたところ、「オナカ、イタカッタ」となぜか片言の日本語を話し出しました。みんなから責められている姿を見て、助教が「まあ、お腹痛いなら仕方ないよな」と特に怒られずに終わりましたが、その後に他の班の同期から「あいつは自販機で買ったコーラを美味そうに飲んでたぞ。その後に時計を見て『ヤバイ！』って言って急いで走っていって笑ったわ」と聞き、私は**「得意のカタコト作戦か……」**と思ったものです。

ただ、あまりやりすぎると同じ国の留学生からも「アイツは日本語分かってやっているヨ」と売られてしまうので要注意ですね。

留学生に間違えられる日本人学生

留学生の中には見た目が日本人にそっくりな人もいれば、留学生にそっくりな日本人学生もいます。モンゴル人やベトナム人は日本人に似ているので、特に間違えられやすいです。

留学生の中には、日本人以上に日本人っぽいオーラを出す学生がおり、見た目だけではほぼ違いが分かりません。**「あいつがバートルかと思ったら、田中だった」**などの間違いもよくあり、彼らが同じ教場にいると「え〜っと、チェンくん答えてくれるかな」と教官が日本人学生に向かって言うことがあります。

また、タイ人に似ている私の後輩は、**「タイ人の下級生からタイ語で敬礼される」**とよくぼやいていました。パッと見がタイ人であるためタイ留学生からの人気は絶大で、タイ人の集会に特別枠として参加したり、民族衣装を着たりとマスコットのような存在になっていました。

最終的には「自衛隊じゃなくて、タイ陸軍に来いヨ」と言われており、「見た目が似ていると親近感が湧くんだなぁ」と私は思ったものです。

なお、日本語が流暢な留学生の上級生が、しどろもどろになっている日本人の1学年に向かって**「お前は日本語が下手くそだ。何を言いたいか分からない。イチから日本語を勉強し直せ！」**と言っている姿を何回か見たこともあります。ネイティブの日本人学生が負けてしまうぐらい、彼らは優秀だとお伝えしておきましょう。

こうした留学生との交流は防大卒業後でも続き、海外派遣の際にばったり出会って防大の思い出を語るということも珍しくありません。

私は仲がよかった留学生に「元気にしてる？」と連絡したら、**「今アフガンにいるよ！　テロの爆発で先週は死ぬかと思った！　笑」**とパワーワードが返ってきたこともあります。いずれにしても、各国の士官候補生との交流は防大でなければ経験ができないので、それだけでも防大に進学する価値はあるでしょう。

防衛医科大学校との交流

防大に近い学校で**「防衛医科大学校」**があります。こちらは自衛隊の医官や看護官を育成する学校であり、場所は埼玉県所沢にあります。防衛医科大も防大と同じく学費・衣食住無料で手当も支給されることから人気が高く、学力レベルは旧帝国大学の医学部と同等と言われています。

防衛医大生と防大生はほぼ接点がありませんが、**私が学生の頃は年に1度、防衛医科大からの1学年が研修に来ることがありました**。彼らは防大ツアーをし、防大生の学生舎での生活を一晩体験して防衛医大に帰ります。

防衛医大も厳しい規律がある学校ですが、スピード感やライブ感は防大のほうが圧倒的に上です。防大生は、食事をとる速さ、風呂に入る速さ、売店でアイスを買って食べる速さが倍速になっています。そのため、**研修に来た防衛医大生は子鹿のように**

震え、怯えていることがよくありました。

防大生は意地が悪いので、**「防衛医大生が研修？　じゃあ防大生の気合を見せなくては！」**と張り切り、授業参観で保護者にいいところを見せようとするワンパク小僧みたいなことをします。点呼の号令や動作が気合の入ったものになり、1学年も自分たちの鍛えられた清掃を見せるために凄まじいスピードで雑巾がけをし、防衛医大生をドン引きさせます。

さらに「よ〜し、今日は中隊全員で体力錬成だ〜！　防衛医大の君もやろうか！」と点呼後になぜか腕立て伏せを始めるため、防衛医科大生は「防大はとんでもない学校だ！」という印象を持って防衛医科大に帰校し、周りの学生から**「防大から生きて帰ってきた勇者」**という扱いを受けると私は聞いたことがあります（真偽のほどは分かりませんが……）。

最終的には防大生があまりにも張り切るため、防衛医科大側が「お付きの陸曹」を付け、医大生は学生生活には参加をしない「ジャングルクルーズ」方式になったようです。

なお、陸上自衛隊幹部候補生学校で防衛医科大出身の候補生と交流することがありましたが、**彼らは医師であるため、自己診断が可能です**。

自分の体調不良を報告する際に「吐き気・嘔吐・腹痛・体温は37℃。感冒性胃腸炎である可能性が高いと思います！」などと教官に詳細に報告します。報告を受けた教官は「おぉ……」とたじろいでおり、私は「回復魔法を使える僧侶みたいで恰好いいな」と思いました。

COLUMN 8 語り継がれる幽霊話

防大には、代々語り注がれる怪談が数多くあります。

・怪奇現象が起こる部屋のロッカーの後ろを見たら、変なお札が貼られていた
・夜中に生首が飛んでいた
・学生会館地下のトイレには幽霊が出る
・防大のマンホールは日本軍が作った要塞につながっている
・防大の工事が行われた際に人骨が出てきた
・夜のトーチカ（防大には日本軍のトーチカがあります）には日本兵の幽霊が出る
・宜保愛子が「私はここに入れない」と帰っていった

などです。この手の真偽不明な話は防大に数多くありますが、私個人としては

「学生の与太話」だと思っています。というのも、防大はあまりにも娯楽がないため、「怖い話が娯楽の一つ」と思われている節があるからです。

学生の中には怖い話をうまく話す稲川淳二のような人がおり、彼らは消灯後にリアリティを持って怖い話をするので「怖くてトイレに行けなくなった」と情けないことを言う1学年すらいます。

この怖い話に便乗して現れるのは、怪奇現象を自ら作ろうとする悪ガキたちです。彼らはお土産に売っているお札をわざわざ購入し、ロッカーの後ろや薄暗い施設に貼ったりします。それを数年後に後輩が見つけ、「ここは呪われているに違いない」と真剣な顔をするのです。

私の同期は「自分の部屋はやばい。朝起きると俺の枕元が絶対濡れている。幽霊の仕業だ」と暗い顔で話していましたが、**彼が怖がりだと知っていた部屋の上級生が、消灯後に夜な夜な霧吹きでその学生の枕を濡らしていただけでした。**

硫黄島にまつわる言い伝え

ただ、中には「本当にやるな」と言われ、学生が守っている話があります。それは**「硫黄島の石や砂を持ち帰らない」という言い伝えです。**

防大では、3学年時に激戦地であった硫黄島に研修に行き、当時の戦いについて教育を行います。**硫黄島で「記念品に」と石を防大に持って帰ると、持ち帰った学生が謎の高熱で苦しむという言い伝えがあります。**この話を聞いて「ウソだろ」と持って帰った学生がもがき苦しんだ……というエピソードが数多くあるため、「石は持って帰らない」「靴底の砂も落とす」ということを学生は徹底します。

硫黄島研修の事前説明会で、学生が「硫黄島には幽霊が出ますか」と教官に質問したところ、その教官は**「幽霊はいないが、英霊はおられる」**と返したエピソードも私は聞いたことがあります。英霊に対してふざけたことはできませんね。

第8章 楽園の終わり

そして迎える、防大生活の終わり

防大4学年の2～3月は完全に消化試合であり、最も楽しい期間でもあります。講義も訓練もなく、卒業論文も終了し、卒業が確定した4学年はやることがありません。幹部候補生学校への出荷待ち状態となり、ボンヤリとしていることが多くなります。やることのない4学年は日向ぼっこをする、校内を散歩する、鳩に餌をあげる、早風呂をするといった老人のような行動をとることさえあります。

1学年のときは数え切れないほど「辞めたい！」と心から願っていた防大ですが、仲のよい同期、自分を慕ってくれる後輩、住み慣れた校舎を去る寂しさを感じるようになり、**防大を「最後の楽園」と勘違いするようになります**。時間があれば、みんなでお菓子パーティーを開き、土日は横須賀中央あたりの居酒屋でどんちゃん騒ぎをし、最後のバカンスを楽しみます。

この期間で、防大で味わった数え切れないほどの不条理な経験がリセットされ、「防大は素晴らしい学校だった」と惑わされる学生が多数発生します。感覚としては「40年以上勤めた会社を辞めるサラリーマン」といったところでしょう。最後に花束を渡されて、みんなに「ありがとうございました」と言われてしまえば、それまでの苦労は全て吹っ飛んでしまうものです。

お祭り騒ぎの卒業前夜

そんな学生生活を締めくくるファイナルイベントがあります。それは**「卒業式前夜」**です。卒業式前夜とは「消灯ラッパが鳴り、起床ラッパが鳴るまでの間」を指します。この卒業式の前夜には消灯後に寝室でお菓子を食べて、みんなで学生生活の思い出話と理想の幹部自衛官の話をします……。

と書きたいところではありますが、私が在籍した頃の防大にはそんな昭和の健全な青春ドラマのようなストーリーは存在しませんでした。この卒業式前夜だけは、「今夜が最後のラストナイト」というモードに学生はなり、お祭りムードになります。

消灯後の廊下は、ねじり鉢巻でふんどし姿の1学年たちがマットレスの神輿を担ぎ、わっしょいわっしょいと言いながら練り歩き、その上で明日卒業する先輩が「いいぞ！　お前ら！」と言っている姿なども見ることができました。

いつもは大人しく寝ている防大生も、卒業式前夜だけは学生舎や校内を走り回り、朝まで起きている学生もかなりいます。

防大では「消灯後に出歩く」「消灯後に騒ぐ」などの行為は服務規律違反に該当するため、当直幹部の教官は「服務規律違反は厳罰に処す」「学生は決してふざけることがないように」と散々注意をします。

ただ、この日だけはダチョウ倶楽部の持ちネタのように「前振り」にしか聞こえなくなります。教官は「俺が見つけたらタダでは済まさない！」と言いますが、**これは「見つからずにこっそりやれ」とも捉えることができます**。教官も防大OBが多いので、「まあ、少しは大目に見てやるか」と考える人が多い印象でした。

卒業前夜は、消灯ラッパと同時に放送で「学生は騒ぐことがないように、服務規律を遵守せよ」と流れますが、その後すぐにどこかの学生舎からロケット花火が飛び、

「シュー！　パン！」という音が鳴り響き、学生たちは「今年も始まった」とニヤッと笑います。その後の学生舎は4学年をマットレスの上に乗せて練り歩く「マットレス神輿」や、長渕剛の替え歌を歩いて回る「流しのギターマン」、生まれたままの姿で活動する「ネイチャーマン」などが廊下に現れ、カオスに拍車をかけていきます。

面白い奴が現れるたびに「おい！　すごい奴がいるぞ！」とみんなで見に行き爆笑し、当直幹部がやってくるとみんなで一斉に逃げます。その様子はさながらパックマンのようにも思えます。

4学年へのお礼参り

卒業前夜の校内イベントの一つに「お礼参り」があります。これは、**いつも「ハイorYES」しか言えない下級生たちが、不条理なことばかりを言っていた4学年を成敗しにやってくるイベントです**。当時の防大には、卒業前夜だけは下級生が強くなる「大富豪の革命」と同じシステムがあり、下級生から嫌われていた4学年は「感謝の清算」を受ける運命となっていました。

とある年では、ブーメランパンツを穿き、タイガーマスクの仮面やキン肉マンの仮面などをつけた1学年が、ターゲットの4学年の寝室へ5人ほど押し寄せてきました。ターゲットの4学年がポカンとしていると、**「ついに始まりました超人マッチ。今日の対戦は奴隷ブラザーズVS不条理超人山口。卒業前夜スペシャルイベントです！」**と蝶ネクタイにおかめの仮面をつけたナレーターが登場し、ターゲットの4学年にプロレス技を仕掛けました。

ここでターゲットにされるのは大抵の場合、同期からも「あいつは成敗されたほうがいい」と言われるメンバーであり、周りの4学年も「因果応報」と捉え基本的に助けずに笑っているケースがほとんどです（あまりひどいともちろん止めますが）。

そしてターゲットの4学年をやっつけた後に、覆面レスラーたちは放送機材がある当直室などに行き、**「大本営発表～、本日○○号室にて不条理を以て下級生を虐げる悪漢山口を討伐せしめたり～」と放送し、当直幹部に捕まる前に逃げます。**

なお、空手部やボクシング部などの4学年が「お前ら全員まとめて相手をしてやるからいつでも来い。楽しみだよ」と言って、「いつ何時でも挑戦を受ける」と寝室のドアを全開にしていることもありますが、このような上級生のもとには1学年は誰も行かないことをお伝えしておきましょう。

外でも学生は大暴れ

防大では消灯後に学生舎の外に出ることが禁じられており、通常であれば大目玉を食らいます。ただ、卒業前夜に関しては外で大騒ぎをするチャレンジャーが後を絶たず、数多くの伝説を残しています。

私が聞いた中で面白いなと思ったエピソードを、いくつか紹介します。

- 訓練講堂の前に展示されている魚雷を「魚雷くんを水の中に返してあげよう」とみんなで担いでプールに投げ込んでしまう
- 防大のシンボルとも言える時計台の上に侵入し、みんなで記念撮影する
- 防大の池にいる鯉を捕まえて食べてしまう
- プールの飛び込み台から「防大が好きだー！」と叫び、緑色に濁ったプールに飛び込む

ただ、教官も見つけると捕まえに来るので、全力疾走で逃げる学生と追いかける教官のデッドレースを見ることができます。このようなイベントが朝方まで延々と続くため、卒業生は**「なんだかんだあったけど、防大に入ってよかった」と思って卒業式を迎えます。**

任官することへの葛藤

防大を卒業すると一般幹部候補生として採用され、階級は曹長になります。曹長という階級は2士からスタートした隊員が、定年間際にたどり着く階級です。さらに、幹部候補生学校を卒業すると3尉からキャリアが始まります。自衛隊内のエリートコースであることは間違いなく、ゴールドパスポートのように思えますが、**学生の中には任官に際して葛藤を抱く人も少なくありません。**

「幹部自衛官としてやっていく自信がない」「人前に出るのが好きではない」「体育会系の組織が嫌だ」「厳しい規律に意味を見出せない」「政治思想的に合わない」「もっと自由に生きたい」など、学生それぞれの理由があります。「最初は自衛隊にまったく興味がなかったけど、今は大好きで最高」という人もいれば、「自衛隊が好きだったけど、嫌いになった」という人もいます。

そうした学生が選ぶ道は**「任官辞退」**[*18]という選択肢です。任官辞退とは卒業時に「私は任官をしません」と意思表明し、民間企業などの道に進むことです。諸外国の士官学校では「卒業後6年間の勤務義務」や「学費の返還義務」などの制度がありますが、防大では現在のところ特に制限が設けられていません。

ただ、**任官辞退は簡単にできるものではなく、「茨の道」でもあります**。任官辞退を申し出た学生は、教官との面談をかなりの回数行うからです。

教官は「国民の税金で4年間学んできたのに何を考えている?」「卒業式前に退校をしなさい」「自分勝手すぎる」とムチの言葉を与えた後に、「君は自分で思っているよりも優秀だ」「もっと自分に誇りを持とう」「今の自衛隊で求められているのは、君のような柔軟な人間だ」とアメの言葉を与え、学生を任官の道へと誘います。

このような面談を指導教官と何度も行い、「どうしても任官したくありません」という学生は次のステップへ進み、大隊指導教官(2佐)と面談が始まります。この面談が終わると総括首席指導教官(1佐)へと進んでいき、最終的に学校からの承認が降りるようです(あくまでも伝聞です)。

学生たちの間で「あいつは任官辞退する」という噂が広がると、あまりいい目で見られないこともあります。しかし、中には「東大大学院に進学し、研究分野で国防を支えたい」「医師になって人を救いたい」という学生もいるので、**任官辞退した後に「何をするのか」が重要かと思います**（中には怪我などが理由で任官できない学生もいることもお伝えしておきます）。

私も正直なところ、「自衛官としてやっていけるかなぁ……」と悩みましたが、さまざまな防大OBから「自衛隊は経験したほうがいい」「軍歴は人生の宝になる」「合わないと思ったときに退職しても遅くない」というアドバイスを受け、任官しました。実際に「自衛隊勤務は経験してよかった」と思うことが多々あるので、**怪我などの事情がない限り、悩んでいる後輩には任官してから考えるように伝えています。**

＊18　メディアでは「任官拒否」と報道されるが、これはメディア側の表現であり、防衛省側の表現としては任官辞退をよく使う。

防大生活のフィナーレ、卒業式

防大の卒業式は学生の家族や防衛省関係者だけではなく、総理大臣や防衛大臣などのVIPも出席するため、多数のメディア関係者も訪れます。卒業式は非常に長時間かつ厳かに行われるうえ、卒業生は「1ミリも気を抜くな！」と座り方まで指導を受けるため、とても疲れる行事でもあります。

ただ、壇上の席で居眠りをする来賓が非常に多く、「この国は大丈夫かな？」と私は内心思いました（その年はみな疲れていたのでしょうか）。

卒業生は学校長から卒業証書を1人1人手渡しで、壇上に上がってもらいます。卒業式のラストでは、代表学生が卒業生の前に立ち「部隊でまた会おう。○○期解散！」と言うと一斉に帽子を投げ、「うぉぉ!!」と雄叫びを上げます。**投げた帽子が宙に舞っている瞬間はまさに人生に残るハイライトであり、「頑張ってよかったな」と**

帽子を投げて走り出す卒業生。投げた帽子は1学年の作業員が拾いに来る。

私は心から思いました。

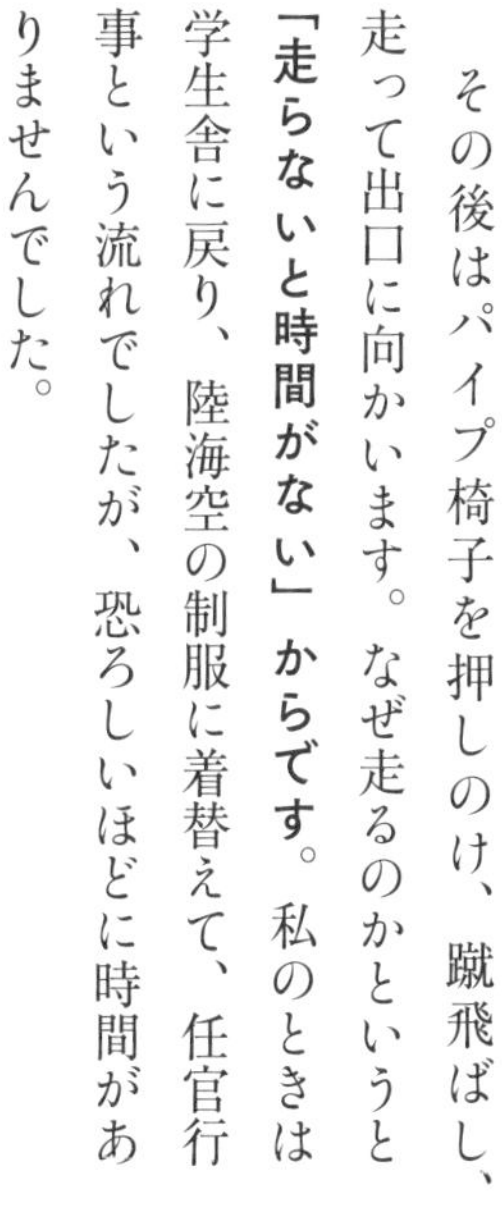

最後までタイムトライアル

その後はパイプ椅子を押しのけ、蹴飛ばし、走って出口に向かいます。なぜ走るのかというと**「走らないと時間がない」からです**。私のときは学生舎に戻り、陸海空の制服に着替えて、任官行事という流れでしたが、恐ろしいほどに時間がありませんでした。

みんなが猛烈な勢いで出口に向かって走るため、椅子でつまずいて転んだり、卒業証書を落としたりする卒業生が毎年1人ぐらいます。私と仲がよかった同期は卒業証書を落とし、みんなに踏まれて揉みくちゃになり、あっという間にボロボロになっていました。私はその卒業証書を見て「まるで俺たちの青春だな」と言ったのを覚えています。

任官式、在校生による観閲式などの後には在校生・教職員の見送りがあるので、卒業生は正門に向かいます。感動のあまり涙と鼻水でぐしゃぐしゃになる人もいれば、「やっと終わったな……」と同期とぼやいている人たちまで多種多様です。

ここで「ハッピー・エンディング」と言いたいところですが、自衛官としてのスタートラインに立っただけです。ここから本当の戦いが始まるのですから……。

戦いは幹部候補生学校へ続く……

苦難の4年間を乗り越え、小原台を旅立った卒業生たちは、陸上自衛隊（福岡県久留米市）・海上自衛隊（広島県江田島市）・航空自衛隊（奈良県奈良市）と、それぞれの幹部候補生学校に入校します。

幹部候補生学校とは「幹部自衛官としての基礎教育」を受ける教育機関であり、この学校を卒業した後に幹部自衛官として任官し、部隊配属となります。

幹部候補生学校には「防大・一般大卒の課程」「部内選抜（曹階級）の課程」「曹長・准尉（ベテラン）の課程」があり、防大卒は一般大卒の幹部候補生と一緒に教育訓練を受けます。幹部候補生学校は、自衛隊の中でも「厳しい教育機関」と言われており、鬼教官が「オラァ！　しっかりせんか！」と活をガンガン入れてくるような学校です。**防大では偉そうにしていた卒業生も1学年のような生活に再度戻り、布団やロッカーを「整理整頓不良だぁ！」と吹き飛ばされます**。

ただ、防大とは異なり、上級生という存在はいません。敵である教官よりも同期という味方が多く、訓練は厳しいですが「防大よりも楽」という見方をする人もいます（と言いつつ、激烈な教官もいますが……）。

私の「ぱやぱや」というペンネームも、当時の教官が**「お前らはいつもぱやぱやして！」**としょっちゅう怒っていたことが由来です。幹部候補生学校〜任官後の話が気になる方は、ぜひ拙著の『陸上自衛隊ますらお日記（KADOKAWA）』をお読みいただければ幸いです。

COLUMN 9

防大卒幹部と一般大卒幹部の違い

自衛隊の幹部コースは、「防大卒」と「一般大卒」に大きく分けられることが多く、陸上自衛隊や航空自衛隊では「B幹部（防大）・U幹部（一般大）」、海上自衛隊では「1課程（防大）・2課程（一般大）」などと分類されます。

それぞれの特徴は次の通りです。

・防大卒：防大を生き抜いてきただけあり、そつなくこなす人が多い印象。団結力が強い。陸海空の同期もいるため、情報が入ってきやすい。ただ内輪ネタが比較的多く、組織に染まって視野が狭くなりがち。

・一般大卒：東大法学部卒の秀才もいれば、「就活は自衛隊だけ受かった」という人もおり、防大卒以上に個性にバラつきがある印象。超優秀な人もいれば、個性豊かで独特な人もいる。防大卒にはない経験（帰国子女・修士卒など）を持った人もおり、自衛隊の多様性に貢献している。防大卒よ

りも視野が広い人が多い。

厳しい生活を送ってきた防大卒のほうが、一般大卒よりも出世しやすいイメージがありますが、実は出身大学は関係ありません。自衛隊は訓練成績・昇任試験・人柄を重視するため、一般大卒幹部が防大卒を追い抜くケースが多数あります。

一方で、防大卒の幹部が集まると防大の思い出話ばかりするため、一般大卒の幹部は「また防大の話か……」とうんざりすることが多いです。ただ、**防大卒は悪気がなく、「ずっと防大にいたから他にする話がない」というだけのケースが多いです。**

防大卒は一般大卒が経験した自由な空気に憧れ、一般大卒は防大卒の団結を羨ましく思う傾向があるように私は思いました。

おわりに

――人生が一度しかないのなら、防大へ行くのもまた一興

本書を最後まで読んでいただき、ありがとうございました。

読者の皆様は防大マイスターであり、おそらく防大関係者とビールを飲んでも防大のノリについていけるでしょう。

本書を書き上げ、私は「よくこんな学校を卒業したな……」としみじみと思いました。

新入生のときに1日3回ぐらい「防大を辞めたい」と思い、今でもたまに「一般大学に行ったほうがよかったな」と思うことがありましたが、**本書が出版されたことにより「防大に行ってよかった」とようやく心から思うことができました**（一般大の甘酸っぱい青春よりもよかったです）。

自衛官はいつも真面目で不平不満をまったく言わないイメージですが、それはあくまでもメディアでの話です。私はメディアに登場しないような面白い話こそが、自衛隊の最大の魅力だと思っていますので、今後もそのようなテーマでお伝えできれば幸いです。

最後に、防大進学を検討している人にアドバイスをお伝えします。

本書を読んで「防大は厳しいからやめようかな……」と思った人もいるかもしれません。しかし、**ジャングルにはジャングルにしかない魅力や経験があるように、防大にも他大学で味わえない魅力があります**。人と違う経験をしていることが、将来的に大きな宝になることはよくあることです。

防大OBの中には「人生が2度あっても防大に行く」という強者もいますが、私は**「人生が1回だけなら防大に行ったほうがいい。人生が2回あるなら防大に行かない」**という言葉を残します。

輪廻転生する予定がなければ、防大に進学するのも一興でしょう。

2023年7月

ぱやぱやくん

写真の出典

全て防衛大学校ホームページより

※印刷の都合上、写真を加工・補正して掲載しております。

・p 109 : https://www.mod.go.jp/nda/obaradai/kawara/vol29/

・p 117 : https://www.mod.go.jp/nda/obaradai/kawara/vol41/

・p 135 : https://www.mod.go.jp/nda/times/no238.html

・p 245 : https://www.mod.go.jp/nda/times/no222.html

著者・ぱやぱやくん
防衛大学校卒の元陸上自衛官。退職後は会社員を経て、現在はエッセイストとして活躍中。名前の由来は、自衛隊時代に教官からよく言われた「お前らはいつもぱやぱやして！」という叱咤激励に由来する。
Twitter : @paya_paya_kun

ブックデザイン/アルビレオ
イラスト/朝野ペコ
DTP/クニメディア
校正/文字工房燦光、鷗来堂

今日も小原台で叫んでいます
残されたジャングル、防衛大学校

2023年７月28日　初版発行

著者／ぱやぱやくん

発行者／山下 直久

発行／株式会社KADOKAWA
〒102-8177　東京都千代田区富士見2-13-3
電話 0570-002-301（ナビダイヤル）

印刷所／大日本印刷株式会社

製本所／大日本印刷株式会社

●お問い合わせ
https://www.kadokawa.co.jp/（「お問い合わせ」へお進みください）
※内容によっては、お答えできない場合があります。
※サポートは日本国内のみとさせていただきます。
※Japanese text only

定価はカバーに表示してあります。

ISBN 978-4-04-606141-6　C0095